自然時拾樂

溪流

口袋裡的大自然！

　　台灣位在亞熱帶，氣候溫暖，加上地形多變，從海濱到三千公尺以上的高山都有，因而造就出不同的生態環境及棲地型態，真是一座生態寶島。

　　走進大自然裡，一花一木、一草一樹，或者蟲鳴魚躍等，都令人感動萬分。現在網路資訊十分發達，大部分的生物種類只要打名稱關鍵字，都可以查到一些基礎的訊息。不過，即便是今日筆記型電腦越設計越輕便，智慧型手機也都可以連上網路，但許多郊外的自然觀察點不一定都能無線上網。這時，一本可以放進口袋，查詢容易的小圖鑑，就如同身邊有一位知識豐富的導覽員，隨時可以進行現場解說。而且手握一書的溫潤感，是現代化的 3C 產品不能比擬的。

　　「自然時拾樂」系列套書的出版，就是為了讓喜歡接近大自然的朋友，不受限於環境，隨時都能掌握各種生物的基礎資訊。本套書以生態環境或易觀察地區為分冊依據，包括紅樹林、溪流、河口、野塘、珊瑚礁潮間帶、校園、步道植物，也針對許多人喜歡的自然現象，例如將千變萬化的雲編輯成書。

　　全套共 8 冊，開本以 9X16 公分的尺寸編輯成冊，麻雀雖小、五臟具全，每一冊都含括了一百多種不同的生物，而且每一種生物都搭配精美照片，方便讀者觀察生物的特徵及生態行為，也有小檔案提供讀者能夠快速一目了然生物的基本資訊，讓人人的口袋裡都有大自然，隨手一翻，自然就在身邊。

找回溪流的春天

　　自古以來人類依水為生，許多活動都必須依賴水源，更因此而孕育出大河文明。溪流對人類如此重要，對其他生物來說也是一樣，許多比人類更早出現在地球上的生物，例如魚類、水生昆蟲、蝦、蟹、螺貝、部分哺乳類、兩生類動物及水生植物等，都是直接棲息在溪流水域中。

　　台灣的大小溪流有兩百多條，生態十分豐富，但是在大約十多年前，就有人感歎：「台灣的春天怎麼不見了？」許多研究指出：生物物種的消失，棲地破壞是重要的因素，當野外聞不到花香，水中也看不見游魚，我們賴以生存的環境變得不再可愛的時候，我們的健康也會亮起紅燈！

　　期待親子一起共臨溪畔，帶著本書從河口、中下游及上游，分區仔細探索溪流。尤其是有正在就讀中小學的學生家長們，在工作之餘，陪陪自己的孩子，親近溪流，不但能對台灣的溪流多幾分認識，還能增進親子的互動與感情，何樂而不為呢？更希望大家在探索的過程中，能夠引起對溪流的熱愛，進而保護溪流，讓這脆弱的生態系能夠永續生存，一起把「溪流的春天找回來」！

| 前言 |

山高水急的環境特色

　　要認識台灣的溪流，必須先了解台灣的地形。

　　台灣是一座高山島，在大約 3 萬 6 千平方公里的土地面積上，光是山地和丘陵就占了 2/3。而且這座番薯狀的島嶼，南北狹長、東西寬，主要的大山都是垂直分布，地形十分陡峭。

　　有了地形的條件，還要加上雨水。

　　台灣的雨量十分豐沛，平均年降雨量 2,150公釐，約為世界平均降雨量的 2.6 倍。海拔三千多公尺高山上森林匯聚的雨水，許多都是沿著最大分水嶺中央山脈的地形往西側流入海裡。總計全台大大小小的溪流大約有兩百多條，其中長度超過一百公里的有七條。

　　台灣的溪流還有個特色：水短淺而急，因為

從發源地到入海口，距離短但地形陡峭，溪水急急流入海裡；但又受到氣候的影響，多數溪流在夏季時洪水滾滾，到了冬季枯水期又只剩下河床上的礫石纍纍。這樣的環境特色，對生活在其中的生物來說是嚴格的考驗，例如上游的魚類，牠們必須具有流線形的身體，才能適應湍急水流而不被沖走；或是將某些器官特化，以便能牢牢吸附和攀爬。除了湍急的上游，中下游及河口的環境也各不相同，中下游平緩，出海口鹽淡水交匯，這些都是各種不同生物適合生活的棲地，我們的溪流生態因此而豐富多樣，更孕育出許多台灣才有的特有種。

本書依台灣溪流的特色，規劃河口、中下游、上游篇，分別介紹各區常見的生物，包括魚類、水蟲、水生植物、蜻蜓、鳥、蛙和蝦蟹等，呈現出牠（它）們的生態特色，以及各有哪些適應環境的法寶及生存策略，希望讀者能對牠（它）們有更深一層的認識。

目次

編者序 口袋裡的大自然！ 2

作者序 找回溪流的春天 3

前言 山高水急的環境特色 4

本書使用方式 10

河口區 11

魚類

斑海鯰 12

花身雞魚 13

白鮻 14

粗鱗鮻 15

鯔 16

金錢魚 17

彈塗魚 18

大彈塗 19

金叉舌鰕虎 20

曙首厚唇鯊 21

日本禿頭鯊 22

寬頰禿頭鯊 23

黑鰭枝牙鰕虎 24

大吻鰕虎 25

台灣吻鰕虎 26

巴庫寡棘鰕虎 27

褐塘鱧 28

黑斑脊塘鱧 29

短鑽嘴 30

紅鰭多紀魨 31

無棘海龍 32

細尾雙邊魚 33

眼棘雙邊魚 34

大口湯鯉 35

湯鯉 36

六帶鰺 37

日本鰻 38

達人的話 日本鰻的危機 39

鳥類

小白鷺　40

黃頭鷺　41

蒼鷺　42

夜鷺　43

赤足鷸　44

小環頸　45

小水鴨　46

琵嘴鴨　47

尖尾鴨　48

昆蟲

彩裳蜻蜓　49

杜松蜻蜓　50

薄翅蜻蜓　51

善變蜻蜓　52

青紋細蟌　53

植物

蘆葦　54

水筆仔　55

 達人的話　紅樹林小檔案　56

中、下游區　57

魚類

台灣石䍣　58

台灣馬口魚　59

粗首馬口鱲　60

長鰭馬口鱲　61

短吻小鰾鮈　62

高身小鰾鮈　63

陳氏秋鮀　64

中間秋鮀　65

鯽　66

鯉魚　67

高身鏟頜魚　68

唇鱛　69

圓吻鰱　70

克氏鱊　71

台灣副細鯽　72

菊池氏細鯽　73

何氏棘鲃　74

台灣間爬岩鰍　75

埔里中華爬岩鰍　76

台東間爬岩鰍　77

中華花鰍　78

鯰　79

塘蝨魚　80

日月潭鮡　81

台灣鮰　82

明潭吻鰕虎　83

赤斑吻鰕虎　84

細斑吻鰕虎　85

極樂吻鰕虎　86

七星鱧　87

蛙類

褐樹蛙　88

日本樹蛙　89

斯文豪氏赤蛙　90

拉都希氏赤蛙　91

梭德氏赤蛙　92

福建大頭蛙　93

蝦蟹貝

粗糙沼蝦　94

大和米蝦　95

拉氏清溪蟹　96

宮崎氏澤蟹　97

蘭嶼澤蟹　98

台灣蜆　99

蜻蛉

朱黛晏蜓　100

無霸勾蜓　101

斑翼勾蜓　102

海神弓蜓　103

紹德春蜓　104

鈎尾春蜓　105

金黃蜻蜓　106

猩紅蜻蜓　107

紫紅蜻蜓　108

樂仙蜻蜓　109

高砂蜻蜓　110

白痣珈蟌　111

中華珈蟌（原名亞種）　112

中華珈蟌（南台亞種）　113

棋紋鼓蟌　114

脊紋鼓蟌　115

短腹幽蟌　116

芽痣蹣蟌　117

青黑琵蟌　118

黃尾琵蟌　119

朱背樸蟌　120

橙尾細蟌　121

瘦面細蟌　122

弓背細蟌　123

白粉細蟌　124

植物

苦草　125

台灣水龍　126

香蒲　127

茭白筍　128

上游區　129

魚類

櫻花鉤吻鮭　130

台灣台鰍　131

台灣鏟頜魚　132

鳥類

鉛色水鶇　136

蜻蛉

泰雅晏蜓　133

黃基蜻蜓　134

青紋絲蟌　135

蛙類

盤古蟾蜍　137

達人
的話　蟾蜍什麼時候會噴毒
液？　138

推薦觀察地點　139

本書使用方式

生物名稱　　　　生物照片　　　　　　引起探索與興趣的標題

圖片說明文字　　有趣的延伸知識或
　　　　　　　　達人觀察的小撇步

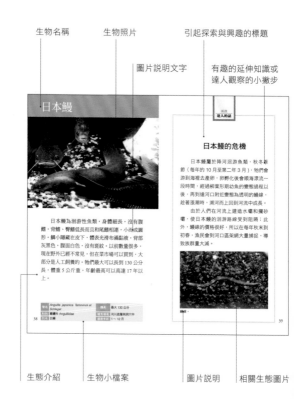

日本鰻

日本鰻為溯游性魚類，身體細長，沒有腹鰭，背鰭、臀鰭低長而且和尾鰭相連，小而成圓形，鱗小隱藏在皮下，體表光滑布滿黏液，背部灰黑色，腹面白色，沒有斑紋，以前數量很多，現在野外已經不常見，但在菜市場可以買到，大部分是人工飼養的。牠們最大可以長到130公分長，體重5公斤重，年齡最高可以高達17年以上。

學名	Anguilla japonica Temminck et Schlegel		身長	最大 130 公分
科別	鰻鱺科 Anguillidae		繁殖季節	河川產卵與洄游水
別名	白鰻		遇見季節	1～12 月

達人的話

日本鰻的危機

日本鰻鱺於降河溯游魚類，秋冬季節（每年的10月至第二年3月），牠們會游到海裡去產卵，卵孵化後會順海漂流一段時間，經過柳葉形期幼魚的變態過程以後，再到達河口附近變態為透明的鰻線，趁著漲潮時，溯河而上回到河川中成長。

由於人們在河流上建造水壩和攔砂壩，使日本鰻的溯游路線受到阻隔；此外，鰻線的價格很好，所以在每年秋末到初春，漁民會到河口區架網大量捕捉，導致族群量大減。

鰻苗。

生態介紹　　　生物小檔案　　　　圖片說明　　相關生態圖片

河口區

　　在溪流的河口區，因為受到海水漲、退潮的影響，水中的鹽度隨時產生變化，這裡的小動物都有一身超強的「武功」，以魚類和蝦、蟹來說，牠們能輕易調整體內的滲透壓，在河、海之間來去自如。

　　牠們也是鳥兒的食物，有什麼種類的魚蝦蟹，大概就有某些特定種類的鳥兒會出現在這裡。

斑海鯰

　　斑海鯰身體延長，頭部略扁平，腹部圓。口邊有 3 對鬚，無鱗，黏液膜易落。夜行性，常小群躲藏在遮蔽物的附近，或挖洞居住。肉食性，偏好小魚、蝦類、貝類等底棲生物。背鰭具有毒線，胸鰭有倒鉤，不但可以防止其他生物攻擊，人類捕捉牠時也經常會被刺傷；如果沒有必要，千萬別招惹牠，萬一被刺中，會疼痛無比，如需捕捉牠的時候，應當特別小心。

學名	*Arius maculatus* (Thunberg)	體長	通常幼魚約 5～15 公分較普遍，最大可長到 80 公分。
科別	海鯰科 Ariidae	棲息環境	常小群躲藏在河口遮蔽物的附近，或挖洞居住。
別名	海鯰仔	觀察季節	1～12 月 (夜間)

花身雞魚

　　花身雞魚俗稱「花身仔」，牠的上、下頜都有絨毛狀的圓錐形牙齒，前鰓蓋有鋸齒緣，鰓蓋有兩個很強的硬棘，當牠們被釣起的時候，鰓蓋會往外翻，以硬棘來抵禦敵人的攻擊。背鰭的硬棘更是尖銳強硬。身體有 3、4 條深褐色縱帶，背鰭有一個大黑斑。住在河口，肉食性，可長到 20 公分左右。牠們最有趣的是：會發出像雞叫的細小聲音，可惜聲音很小，必須使用特殊的儀器，人類的耳朵才能夠聽見。

學名	*Terapon jarbua (Forsskal)*	體長	20 公分左右
科別	鯻科 Teraponidae	棲息環境	河口
別名	花身仔	觀察季節	1～12 月

13

白鯮

　　白鯮俗稱杉仔或豆仔魚，身體背部青灰色，腹部銀白色，沒有側線，體側除了腹部以外，每一縱排的鱗片有一條斑紋，尾鰭灰黑色。吞食水底的泥砂濾取各種藻類和小動物為食。夏季在河口的砂中產卵，通常成群活動，可長到 15 ～ 20 公分。幼魚體色比成魚亮麗，經常成群在河口覓食、活動。

學名	*Chelon subviridis* (Valenciennes)	體長	15 ～ 20 公分
科別	鯔科 Mugilidae	棲息環境	河口
別名	豆仔魚、烏仔魚、杉仔	觀察季節	1 ～ 12 月

　　身體延長呈紡綞形，前部圓形而後部側扁，頭短，圓筒形。吻短，唇薄，眼圓，前側位；脂眼瞼不發達，口小，在稚魚期為圓鱗，隨著成長而變為具有多列錐形櫛刺的櫛鱗；頭部及體側的側線發達；體背灰綠色，體側銀白色，腹部為白色。虹膜有一金黃色環圍繞。以底泥中有機碎屑或水層中的浮游生物為食，群棲性，常成群洄游，幼魚在受到驚嚇時，會有躍離水面的動作。

學名	*Chelon dussumieri (Valenciennes)*	體長	15~25，最長 30 公分。
科別	鯔科 Mugilidae	棲息環境	河口
		觀察季節	1～12 月 (夜間)

15

鯔

　　體延長呈紡錘形，前部圓形而後部側扁。在稚魚期為圓鱗，隨著成長而變為具有多列顆粒狀櫛鱗；頭部和體側的側線發達，數目達 13～15 條，為魚類世界的冠軍。體側有 6 或 7 條暗褐色帶。眼球的虹膜具金黃色緣。除腹鰭為暗黃色外，各鰭有黑色小點。幼魚時期喜歡在河口、紅樹林等半淡鹹水海域生活，隨著成長而游向外海。以浮游動物、底棲生物和有機碎屑等為食物。

　　每年冬至過後，鯔魚會經過台灣海峽洄游南下產卵，雌魚一次大約可產下五到七百萬個卵粒，牠們的卵就是「黑金」——烏魚仔。

學名	*Mugil cephalus Linnaeus*	體長	20～40 公分
科別	鯔科 Mugilidae	棲息環境	河口、紅樹林等半淡鹹水海域及外海
別名	鯰	觀察季節	1～5；10～12 月

金錢魚

　　金錢魚俗稱「變身苦」或「黑星銀鮔」，身體布滿細小的櫛鱗，背鰭和臀鰭上的硬棘非常尖銳容易傷人。身體暗褐色，有均勻的大型黑色斑點，住在沿海岩礁附近，喜歡溯入河口，甚至在純淡水中活動。雜食性，活潑好鬥，最大能長到25 ～ 30 公分。

學名	*Scatophagus argus (Linnaeus)*	體長	25 ～ 30 公分
科別	金錢魚科 Scatophagidae	棲息環境	沿海岩礁附近，喜歡溯入河口。
別名	變身苦、黑星銀鮔	觀察季節	1 ～ 12 月

彈塗魚

① 彈塗魚。 ② 彈塗魚和牠的巢穴。

　　彈塗魚俗稱「泥猴」，因為牠們能在爛泥上面來去自如。經常成群聚集在河口一帶，眼睛突出於頭頂上，藉著胸鰭爬行，可以離水 40 分鐘以上，漲潮的時候，常退到潮線以外。很會挖洞，牠們的巢為 T 字形，開口在兩端，很有趣。

　　牠們還有一招獨門武功，在遇到驚嚇或必須涉水的時候，會展示「輕功水上跳」— 不需要任何的工具，就能體態輕盈的從水面上連續跳躍到對岸，比達摩祖師「一葦渡江」還要厲害呢！

學名	*Periophthalmus cantonensis* (Osbeck)	體長	通常 3 ～ 6 公分，最大體長約可達 10 公分。
科別	鰕虎科 Gobiidae	棲息環境	河口泥灘地
別名	石跳仔、跳跳魚、泥猴	觀察季節	3 ～ 11 月

❶ 大彈塗躍起。 ❷ 大彈塗和招潮蟹。

　　喜歡在潮間帶活動，退潮的時候，會在泥灘地上爬行或跳動覓食，漲潮時則躲於洞穴中。皮膚可做為呼吸的輔助器官，可長期離開水面。受到驚嚇時會很快跳離，躲入水中或洞穴。領域性強，同類或其他物種（如招潮蟹）入侵牠的勢力範圍時，便會張開大口、展開背鰭和尾鰭，以便威嚇及驅趕不速之客。雄魚在求偶期間會開展背鰭和尾鰭，而且會從泥灘中優雅的跳到空中，展開一場美妙的求偶舞。主要以有機質、泥灘中的藻類為食。

學名	Boleophthalmus pectinirostris (Linnaeus)	體長	以 8～12 公分較為常見，最大可達約 16 公分左右。
科別	鰕虎科 Gobiidae	棲息環境	河口泥灘地
別名	花跳	觀察季節	3～11 月

金叉舌鰕虎

　　金叉舌鰕虎身體黃色或黃綠色，腹部淡白色，身體側面中央有 6 個不明顯的塊狀褐斑，尾柄中央的斑點比較大而且明顯，背部也有 5 個暗褐色斑。棲息在河口，可溯入純淡水區內。以底棲的小動物和藻類為食。喜歡在溪流底部的泥砂中挖洞居住，平常也喜歡鑽砂。金叉舌鰕虎身上的正字標記，當屬臉頰上的黃金般光澤，華麗無比，簡直就是財富的象徵，下次到河口的時候，別忘了多看牠一眼，就算不能擁有黃金萬兩，只要看看牠頰部的黃金光澤，也會很高興。

學名	*Glossogobius aureus* Akihito et Meguro	體長	最大可長到 30 公分
科別	鰕虎科 Gobiidae	棲息環境	河口底部泥砂地
別名	狗甘仔	觀察季節	3 ～ 11 月

曙首厚唇鯊

① 曙首厚唇鯊。

② 曙首厚唇鯊喜歡
鑽進砂中躲藏。

　　曙首厚唇鯊體被細小鱗片，沒有側線，身體
綠褐色，頭部灰綠色，眼睛前有兩條黑色條紋斜
向口部，體側有 8 個不規則的塊狀黑斑，最後一
個在尾柄的基部。喜歡住在河口岩石底下的洞
穴，經常潛藏在砂中，不容易被發現。可惜到目
前為止，人類對牠的生態習性仍然所知不多，還
需要大家多多努力。

學名	*Awaous melanocephalus* (Bleeker)	體長	最大能長到 13 公分左右
科別	鰕虎科 Gobiidae	棲息環境	河口岩石底下的洞穴，經常潛藏在砂中。
別名	狗甘仔	觀察季節	3～11 月

日本禿頭鯊

❶ 日本禿頭鯊 ❷ 日本禿頭鯊幼魚。

　　日本禿頭鯊俗稱「和尚魚」，因為頭部真的很像和尚。分布於全台灣各地沒有汙染的溪流中、下游，屬於洄游性魚類，是台灣溪流中，大型的鰕虎科成員。腹鰭特化為吸盤狀，並連於腹部，前方的繫帶呈深臼狀，深紅色。體被細小櫛鱗，沒有側線。身體淡綠色或暗褐色，背部有8～11個深色橫帶，但是會隨環境變化。喜歡整群居住在清澈而沒有汙染的溪流，溯河能力很強，以附著性藻類為食物。

學名	Sicyopterus japonicus (Tanaka)	體長	通常為 7～15 公分，最大可以長到 20 公分左右。
科別	鰕虎科 Gobiidae	棲息環境	全台各地沒有汙染的溪流中、下游
別名	和尚魚	觀察季節	3～11 月

22

寬頰禿頭鯊

　　寬頰禿頭鯊為洄游魚類，有兩個背鰭，腹鰭癒合而特化為吸盤狀，攀爬能力很強，主要以岩石上的附著性藻類為食物。身上被小型的櫛鱗，身體的底色為褐色或青褐色，成熟的雄魚有藍黑色的金屬光澤，身體上半部有金黃色紋，背側有8個左右的黑色斑，體側有 6～7 個黑色的雲狀斑，眼睛下方有一個黑色或黑褐色橫紋，尾鰭金黃色，雌魚的尾鰭黃色。

學名	Sicyopterus macrostetholepis (Bleeker)	體長	通常為 4～8 公分，最大可以長到 10 公分。
科別	鰕虎科 Gobiidae	棲息環境	台灣東部、南部和蘭嶼清澈而流速湍急的溪流中下游。
別名	寬額瓢鰭鰕虎、寬頰瓢鰭鰕虎、和尚魚	觀察季節	3～11 月

黑鰭枝牙鰕虎

黑鰭枝牙鰕虎（左♂右♀）

黑鰭枝牙鰕虎是溪流中很小的小魚，長到1公分就成熟而能繁殖。身上被較大的櫛鱗，除了前背區以外，頭部沒有鱗片。雄魚第一背鰭的第3、4鰭棘特別延長，體色變化很大，身體的主要底色為褐色或淺棕色，頭部具有藍、綠色而豔麗的金屬光澤，體側也有金黃色或橙黃色的光澤；雌魚體色為半透明的乳白色或淡米黃色，體側有兩條明顯的黑色縱紋，尾鰭基部有一黑斑。在受到驚嚇時，體色會有很大的變化。經常攀附在岩石上面啄食附著性藻類，偶爾也會以小型的無脊椎動物為食物。

學名	*Stiphodon percnopterygionus* Watson & Chen	體長	最大可長到 30 公分
科別	鰕虎科 Gobiidae	棲息環境	台灣東部和南部溪流中下游，水質清澈的緩流區或潭區。
別名	雙帶禿頭鯊、狗柑仔	觀察季節	4～10 月

大吻鰕虎

大吻鰕虎為台灣特有種，是台灣體型最大的吻鰕虎。有兩個背鰭，雄魚的第一個背鰭有漂亮的藍色螢光斑，腹鰭癒合而特化為吸盤狀，能牢牢的吸附、攀爬。身上被櫛鱗，身體的底色為黃褐色，有幾條墨綠色橫紋，眼睛前方各有兩條暗紅色紋，腹部乳白色，雄魚的體色比較豔，雌魚的體色稍稍暗淡。

大吻鰕虎為洄游魚類，受精卵孵化後，稚魚便隨著溪水漂流到河口或沿岸的海域生活，長到大約 2 公分後，會回溯到溪流中、下游生活。偏肉食性，主要以水生昆蟲、小魚、小蝦和小型的無脊椎動物為食物。

學名	Rhinogobius gigas Chen & Shao	體長	通常為 6～8 公分，最大可以長到 11 公分。
科別	鰕虎科 gobiidae	棲息環境	宜蘭和花、東一帶溪流的中下游。
別名	狗甘仔	觀察季節	1～12 月

台灣吻鰕虎

① 台灣吻鰕虎 ♂　② 台灣吻鰕虎 ♀

　　台灣吻鰕虎為台灣特有亞種，牠們有兩個背鰭，腹鰭癒合而特化為吸盤狀，能牢牢的吸附、攀爬。成熟的雄魚頰部有鮮豔的藍色金屬光澤，雌魚的體色稍稍暗淡，但腹部有亮麗的藍色金屬光澤。

　　台灣吻鰕虎為洄游魚類，受精卵孵化後，稚魚便隨著溪水漂流到河口或水庫中，長大後，會回溯到溪流中、上游生活，成魚有護卵行為。偏肉食性，主要以水生昆蟲、小魚、小蝦和小型的無脊椎動物為食物。

學名	Rhinogobius formosanus Oshima	體長	通常為 3～6 公分，最大可以長到 9 公分左右。
科別	鰕虎科 gobiidae	棲息環境	台灣北部一帶溪流下游。
別名	橫帶吻鰕虎、狗甘仔	觀察季節	1～12 月

26

巴庫寡棘鰕虎

　　巴庫寡棘鰕虎是一種小型的洄游魚類，喜歡群聚生活，會以群體攻擊的方式獵食小蝦，這是其他鰕虎科魚類所沒有的習性。但目前對牠其他的詳細生活史所知仍有限。

　　巴庫寡棘鰕虎初看似乎不怎麼起眼，但越看越可愛，在第一背鰭基部附近，有個具有金屬光澤的小黑斑，有些個體黑斑部分較少，而在內緣還有較大面積的綠色或藍綠色金屬光澤斑，身體也散布著許多不規則的斑塊，非常可愛。

學名	*Rhinogobius bikolanus (Herre)*	體長	體長大約在 2～4 公分之間，最大不超過 5 公分。
科別	鰕虎科 gobiidae	棲息環境	花東和宜蘭溪流河口經常可以發現。
別名	拜庫雷鰕虎、斑紋雷鰕虎、狗甘仔	觀察季節	1～12 月

褐塘鱧

　　身體呈圓柱形，體色暗黑，背側和頭頂為黃褐色，但因環境而變化多端，有時會讓人誤以為不同種類。底棲於河口一帶，通常偏肉食性，有時會溯入河川數十公里，體長大約可以長到 20 公分左右。

學名	*Eleotris fusca (Schneider & Forster)*	體長	可長到 20 公分左右
科別	鰕虎科 Gobiidae	棲息環境	底棲於河口一帶，有時會溯入河川數十公里。
別名	黑咕嚕、棕塘鱧	觀察季節	3 ～ 11 月

黑斑脊塘鱧

　　這種塘鱧因為背部高聳所以得名，平常靜靜躺在河口區底部，行動緩慢、笨拙，除了捕食和求偶之外，幾乎不移動位置。牠的身體大部分為黑色，只在腹鰭和尾鰭點綴著豔麗的紅色斑點，在河口區獨樹一格，非常有特色。只可惜到目前為止，人類對牠的所知不多，還需要多多研究。

學名 Butis melanostigma (Bleeker)	**體長** 通常為 7～10 公分，最大可長到 18 公分。
科別 鰕虎科 Gobiidae	**棲息環境** 河口區底部
別名 脊塘鱧、黑點脊塘鱧	**觀察季節** 1～12 月

短鑽嘴

　　短鑽嘴背鰭的第二硬棘不延長，嘴巴小，能夠伸縮自如，伸出的時候能向下垂，棲息在河口。在水族箱裡，短鑽嘴的游泳姿勢非常可愛。到目前為止，人類對牠的生態習性仍然所知有限。

學名	*Gerres abbreviatus* Bleeker	體長	大多不超過 25 公分，少數可長至 35 公分。
科別	鑽嘴科 Gerridae	棲息環境	河口區
別名	鑽嘴	觀察季節	1～12 月

紅鰭多紀魨

　　紅鰭多紀魨棲息於溪流河口區，背部青灰色，布滿均勻的黃色斑點，喜歡潛藏在砂中，離開水面的時候，腹部會充氣而顯得圓滾滾的，非常有趣。不過，可別看牠模樣可愛，牠的肝臟和卵巢有劇毒，不小心吃到是會一命嗚乎的。

學名	*Takifugu rubripes (Temminck & Schlegel)*	體長	可達 80 公分以上
科別	四齒魨科 Tetraodontide	棲息環境	河口區
別名	星點河豚	觀察季節	1～12 月

無棘海龍

　　身體特別延長而且纖細，沒有鱗，由一系列
骨環所組成；軀幹部的上側稜與尾部上側稜不相
連接，下側稜則止於臀部骨環附近而不與尾部相
接，中側稜則與尾部下側稜相接，吻部很長。主
鰓蓋縱稜不明顯或沒有，軀幹部的中側稜及下側
稜並不明顯。身體為淡褐色，側稜上有時會有雜
斑或斑帶。主要棲息於水流緩慢的淡水溪流、小
河和河口區。以蠕蟲、甲殼類及浮游動物為食。
卵胎生，雄魚尾部下面具孵卵袋。雄魚大約在
11 公分以上便能繁殖孵卵。

學名	*Microphis leiaspis*	體長	以 8~ 15 公分較為普遍，最大體長約可達 20 公分左右。
科別	海龍科 Syngnathidae	棲息環境	水流緩慢的淡水溪流、小河和河口區。
別名	海龍	觀察季節	4～10 月

細尾雙邊魚

　　這種身體幾乎透明的小魚，從這邊可以看穿到身體的另外一邊，或許就是因此而被稱為「雙邊」魚，連脊椎骨和內臟都幾乎可以一眼看穿。

　　身體側扁，長橢圓形，體被極易脫落的中小型圓鱗。背鰭兩枚，基部有鰭膜相連，身體呈半透明狀，隱約可見內臟。為小型沿海魚類，常見於河口區。最大可長至 5 ～ 8 公分，習性尚待研究。

學名	*Ambassis urotaenia* Bleeker	體長	最大可長至 5 ～ 8 公分
科別	雙邊魚科 Ambassidae	棲息環境	河口區
別名	麥側仔、大面側仔、玻璃魚	觀察季節	1 ～ 12 月

眼棘雙邊魚

　　眼棘雙邊魚身體比細尾雙邊魚苗條，尾鰭鮮黃色。體側和細尾雙邊魚一樣有紫色金屬光澤，這種幻色據說可以混淆敵人的視覺，有自衛的功能。平常成群在河口區活動，有時數百隻，食物充足時，甚至會幾千隻聚集在一起。也能上溯到湍急溪流的中、下游一帶生活。可惜到目前為止，人類對牠們的習性和生活史都還不清楚。

　　有人認為：細尾雙邊魚、眼棘雙邊魚和小雙邊魚可能是同一種，只是不同生活時期的身體變異而已。不過，到目前為止，還沒有明確的證據及定論。

學名	Ambassis gymnocephalus (Lacepede)	體長	最大可長到 30 公分
科別	雙邊魚科 Ambassidae	棲息環境	河口區或中下游一帶
別名	眶棘雙邊魚、麥側仔、大面側仔、玻璃魚	觀察季節	1～12 月

34

大口湯鯉

　　身體延長而側扁，呈紡錘形，頭中大。體被中大型櫛鱗，側線完全而平直，只在胸鰭的上方稍微向上彎曲。尾鰭凹形，上下葉端稍鈍。身體上半部黃綠色有銀色光澤，下半部銀白色；成魚體側的每一鱗片都具有黑褐色緣。各鰭淡黃色，尾鰭上下葉各有一個大型的黑色斑點。主要棲息於河口區，或溯入河川之中、下游流域，較少活動於海洋中。一般在夜間覓食，以小魚、甲殼類和水生昆蟲等為攝食對象。

學名	*Kuhlia rupestris* (Lacepede)	體長	一般為 10～15 公分，最大可達約 30 公分。
科別	湯鯉科 Kuhliidae	棲息環境	在台灣和蘭嶼各地河川下游、河口區。
別名	烏尾冬	觀察季節	1～12 月

湯鯉

　　湯鯉身體延長而側扁，大致呈紡錘形。頭中大，吻長比眼徑短。口裂很小。體被中大型櫛鱗，側線完全而平直，只在胸鰭的上方略微向上彎曲。身體呈銀褐色，腹部銀白色；尾鰭橙紅色，具有黑色邊。主要棲息於熱帶沿岸水域，為群游性魚種，由潮池到幾公尺深的淺水域都有牠們的蹤跡，非常喜歡在河口區活動，甚至可以上溯到河川的中、下游區域。通常在夜間覓食，以小魚、甲殼類等為攝食對象，是一種非常貪吃的魚種。

學名	*Kuhlia marginata (Cuvier)*	體長	約為 12～15 公分
科別	湯鯉科 Kuhliidae	棲息環境	熱帶沿岸河口或中下游水域
別名	紅尾冬	觀察季節	1～12 月

❶ 六帶魚參。 ❷ 六帶鰺幼魚。

六帶鰺身體呈長橢圓形，側扁而高，背部平滑彎曲。在幼魚時期，體側有5～6條黑色橫帶；中魚時，體背藍色，腹部銀白，體側橫帶開始變得不很明顯，各鰭淡色或淡黃色，尾鰭另具黑緣；長大到成魚時期，體側為橄欖綠，腹部銀白色，第二背鰭墨綠色到黑色，是一種很漂亮的河口區常見魚類。成魚通常棲息於近沿海礁石底質水域，幼魚時偶爾可發現於沿岸砂泥底質水域，稚魚時可發現於河口區，甚至會上溯到純淡水溪流的中、下游。白天常群聚覓食，晚上各自散開，以小魚和甲殼類為食。

學名	Caranx sexfasciatus Quoy & Gaimard	體長	150～250 公分
科別	鰺科 Carangidae	棲息環境	近沿海礁石底質水域
別名	甘仔魚、紅目瓜仔	觀察季節	1～12 月

日本鰻

　　日本鰻為洄游性魚類，身體細長，沒有腹鰭，背鰭、臀鰭低長而且和尾鰭相連，小而成圓形。鱗小隱藏在皮下，體表光滑布滿黏液，背部灰黑色，腹面白色，沒有斑紋。以前數量很多，現在野外已經不常見，但在菜市場可以買到，大部分是人工飼養的。牠們最大可以長到130公分長，體重5公斤重，年齡最高可以高達17年以上。

學名	Anguilla japonica Temminck et Schlegel	體長	最大 130 公分
科別	鰻鱺科 Anguillidae	棲息環境	河川底層與洞穴中
別名	白鰻	觀察季節	1～12 月

日本鰻的危機

日本鰻屬於降河洄游魚類，秋冬季節（每年的 10 月至第二年 3 月），牠們會游到海裡去產卵，卵孵化後會順海漂流一段時間，經過柳葉形期幼魚的變態過程以後，再到達河口附近變態為透明的鰻線，趁著漲潮時，溯河而上回到河流中成長。

由於人們在河流上建造水壩和攔砂壩，使日本鰻的洄游路線受到阻隔；此外，鰻線的價格很好，所以在每年秋末到初春，漁民會到河口區架網大量捕捉，導致族群量大減。

鰻線。

小白鷺

　　小白鷺穿著一身雪白的衣服，露出黑色的長腳和嘴喙，腳趾頭好像穿上一雙黃襪子般，非常容易辨認。

　　牠們喜歡在河口、溪流和池塘捕捉魚蝦和螃蟹等來吃，通常在捕捉之前，會用腳攪動水中的泥土，讓魚蝦等受到驚嚇以後再趁機啄食。

　　夜間常和其他鷺科鳥類成群混棲在岸邊的樹林上層，形成壯觀的鷺鷥林。

學名	*Egretta garzetta*	體長	約60公分
科別	鷺科 Aredeidae	棲息環境	河口、溪流、池塘
別名	白翎鷥、白鷺鷥	觀察季節	1～12月

40

黃頭鷺

　　黃頭鷺經常出現在河口到低海拔山區。嘴橙黃色，腳和趾都是黑褐色。每年春夏之交是牠們的繁殖季，頭、頸、喉、上胸和背部中央的飾羽部分會呈現鮮豔的橙黃色，其他部分為白色。到了秋、冬季節變成冬羽，全身除了嘴仍為橙黃色外，其餘部分都變成白色。

　　由於黃頭鷺經常騎在牛的背上，啄食牛身上的寄生蟲或被驚起的昆蟲，所以又被稱為牛背鷺。繁殖季常和小白鷺等鷺科鳥類，成群聚集在樹林或竹林間築巢。牠們之中有部分會留在台灣過冬成為留鳥，大部分為夏候鳥，春夏時由南洋一帶飛來台灣繁殖，9月過後又會陸續飛回南洋過冬。

學名	*Bubulcus ibis*	體長	大約 50 公分左右
科別	鷺科 Aredeidae	棲息環境	河口到低海拔山區樹林或竹林
別名	牛背鷺	觀察季節	1～12月

蒼鷺

　　上半身主要為灰色，腹部為白色。成鳥的過眼紋和冠羽黑色，飛羽、翼角和兩道胸斑黑色，頭、頸、胸和背部白色，頸部有黑色縱紋，其餘部位為灰色。幼鳥的頭和頸灰色較重，但沒有黑色。虹膜黃色；喙黃綠色；腳黑色。會發出深沉的呱呱聲喉音和類似鵝的叫聲。蒼鷺在淺水區覓食，主要捕食魚及青蛙，偶爾也吃小型哺乳動物和鳥。會集體在鄰近溼地或湖泊旁邊的樹上、蘆葦叢上築巢。

學名	*Bubulcus ibis*	體長	90～100 公分
科別	鷺科 Aredeidae	棲息環境	淺水區覓食，溼地或湖泊旁的植物上築巢。
別名	牛背鷺	觀察季節	1～12 月

夜鷺

① 夜鷺。 ② 夜鷺飛行。

　　夜鷺嘴尖長黑色。成鳥體色藍黑具有光澤，下半部灰白色；頭部後方有 2 ～ 3 條白色飾羽；虹膜紅色，腳、趾黃色；飛行時翼上覆羽、飛羽為灰色，翼下覆羽白色。亞成鳥身體上為暗褐色，有白色斑點，下半部淡褐色，有暗褐色縱紋，虹膜黃色。有些夜鷺在繁殖期腳部會略帶紅色，可能和食物有關。

　　飛行時鼓翼緩慢，多以滑翔的方式降落。飛行時常發出粗啞「刮－刮－刮－」的鳴聲，常在領域範圍內追趕攻擊其他鳥類。為夜行性水鳥，經常在清晨、黃昏及夜晚出來捕食魚蝦、兩生類、昆蟲；繁殖期為了育雛，也會在白天出來覓食，通常以粗樹枝築成盤形巢。蛋為淡淺藍色。

學名	Nycticorax nycticorax	體長	約 58 公分
科別	鷺科 Aredeidae	棲息環境	淺水區覓食，溼地或湖泊旁的植物上築巢。
別名	暗光鳥、灰窪子、夜窪子、星雁	觀察季節	1 ～ 12 月

43

赤足鷸

　　赤足鷸雌、雄體色相似，繁殖羽和非繁殖羽略有不同。

　　全世界有六個亞種，台灣為 *terrignotae* 亞種。主要在歐洲中北部、亞洲中北部繁殖，非繁殖季會往南遷徙到亞洲和非洲的亞熱帶和熱帶地區度冬。台灣北部在過境期較常見，度冬區大多數在中南部（8月至翌年4月）。常見牠們小群聚集，有時候也會和其他鷸鴴科混棲。喜歡在淺水區域覓食，生性機警，不容易靠近。

學名	*Tringa totanus*	體長	大約 28 公分
科別	鷸科 Scolopacidae	棲息環境	潮間帶、河口、砂洲、鹽田、沼澤等地
別名	紅腳鷸	觀察季節	8 月到隔年 4 月

小環頸鴴

　　小環頸鴴在台灣絕大多數為冬候鳥（8月至翌年4月），全台各中大型河川河口、溼地都有分布，少部分會上溯到溪流的中上游。留鳥族群不大，北部有零星繁殖記錄，中南部繁殖族群較多。經常呈小群聚集，常會以小跑步的方式前進，警戒性高，不容易接近，飛行時不和其他鳥類混群。

學名	*Charadrius dubius curonicus*	體長	大約 17 公分
科別	鴴科 Charadriidae	棲息環境	水田、沼澤、乾涸的魚塭、河床，比較喜歡淡水的水域。
別名	金眶鴴，金目仔	觀察季節	8 月到隔年 4 月

小水鴨

　　小水鴨是冬季移徙來台灣最普遍、數量也最多的雁鴨科鳥類。群居性，常成群和其他鴨科鳥類共同棲息、覓食。冬天以水生植物、稻穀、草、莎草及植物種子為食，也會吃食田螺、福壽螺等小型螺類，春夏則以水中的無脊椎動物為主食。在地面草叢中或樹洞裡築巢。飛行速度快，受到干擾時，可瞬間從水面迅速彈起飛離。

學名	*Anas crecca*	體長	35～39 公分
科別	雁鴨科 Anatidae	棲息環境	河口、砂洲、湖泊、沼澤地和內陸溪流地帶或海岸。
別名	綠翅鴨、小麻鴨、金翅仔（閩南語）	觀察季節	9 月到隔年 3 月

琵嘴鴨

　　琵嘴鴨在中國東北和新疆繁殖，到南方越冬。牠們的嘴大而扁平，像湯匙狀。雄鳥頭到上頸部為暗綠色而且有光澤，下胸到腹有栗褐色橫條帶。雌鳥全身大致為褐色。成群聚集且常混於其他鴨群中，每年冬天於濱海公路旁廢棄魚塭到曾文溪南側之東魚塭、北門鹽田都有大群出現。食物包括小型軟體動物，植物的根、莖和種子。經常在淺水處用琵琶形嘴挖掘食物，或從水中濾食。

學名	*Anas clypeata*	體長	50 公分
科別	雁鴨科 Anatidae	棲息環境	越冬期間經常和其他雁鴨科鳥類在開闊水域混棲覓食、活動。
別名	大嘴爬仔（閩語）	觀察季節	9 月到隔年 3 月

尖尾鴨

　　尖尾鴨尾羽黑色，中央 2 根很長，所以尾巴看起來尖尖的。雄鳥的非繁殖羽類似雌鳥，但嘴周邊為鉛色。在歐洲、亞細亞中北部及北美洲等地繁殖；亞洲地區的天山、新疆、蒙古和東北，烏蘇里和庫頁島等都是繁殖地。度冬地在赤道附近，非洲蘇丹、肯亞、印度、錫蘭、華南、中南半島、台灣、菲律賓和婆羅州等，都是南遷避寒的地方。在每年秋季 9 月中旬到 10 月上旬來台，11 月中旬為最盛期，第二年春天 4 月北返回繁殖地。在溼地、沼澤、稻田溼地草原等處覓食，偏向雜食，比較喜歡吃植物性食物。常混在別種的鴨群中，飛行能力很強。

學名	*Anas acuta*	體長	雄鳥大約 60～75 公分，雌鳥 52～56 公分。
科別	雁鴨科 Anatidae	棲息環境	海灘、河川、湖泊、沼澤一帶。
別名	針尾鴨	觀察季節	9 月到隔年 3 月

彩裳蜻蜓

　　彩裳蜻蜓雄蟲的複眼為紅褐色。合胸黑綠色。翅膀黃色，翅膀上面有許多不規則的黑褐色斑紋，斑紋的大小和形狀會因個體而有不同。腹部黑色，外觀看起來很花俏，因此有「蝴蝶蜻蜓」的稱號，也有人稱牠們為「花蜻蜓」。雌蟲體色與雄蟲相近，只是體型略小一點。

　　在台灣是一種很常見的蜻蜓。雄蟲喜歡停在水域中的植物上面，飛行緩慢，停下來的時候會習慣性的緩緩舞動翅膀。在繁殖季節，雌蟲會以點水的方式產卵。

學名	*Rhyothemis variegate aria*	體長	腹長約 30 公釐，後翅長約 35 公釐。
科別	蜻蜓科 Libellulidae	棲息環境	普遍分布於海拔 1500 公尺以下的河口、湖泊、沼澤或野塘等較靜止的水域。
別名	蝴蝶蜻蜓、花蜻蜓	觀察季節	3 月～10 月

杜松蜻蜓

　　杜松蜻蜓雄蟲的複眼為墨綠色或綠色，胸部為綠色，從側面看有 6 條不規則的黑色細斑。翅膀透明，翅痣為黃褐色。腹部由黃褐、綠、白、黑等顏色組成。雌蟲類似雄蟲，但尾毛不同。

　　在台灣是很常見的蜻蜓，終年有成蟲活動的蹤跡。在繁殖季節，常見雄蟲與雌蟲連結飛行或停棲，平時成蟲的活動範圍很廣，經常會飛到離水很遠的地方。成蟲非常兇猛，常見牠們捕食和自己體型相當的其他蜻蜓。

學名	Orthetrum sabina sabina	體長	腹長約35～40公釐，後翅長約35～40公釐。
科別	蜻蜓科 Libellulidae	棲息環境	普遍分布於海拔1000公尺以下的河口、湖泊、野塘、水田等較靜止的水域，也會棲息在溪流的緩流區。
別名	細腹蜻蜓，狹腹灰蜻	觀察季節	3月到隔年 11 月

薄翅蜻蜓

　　薄翅蜻蜓翅膀透明，翅痣為橙紅色或紅褐色。腹部的背面橙紅色，在中脊的部分有黑色斑紋，腹部的腹面黃色。肛附器為紅褐色，尾端黑色。雌蟲體型、體色及大小和雄蟲相近。

　　在台灣，從海邊到山巔，終年都有成蟲活動的蹤跡，夏、秋兩季常見成群的成蟲在草地上空集結飛行。成蟲白天喜歡在空中飛行覓食，黃昏會停在草地上的枝頭休息；稚蟲能利用任何型態的水域棲息，而且生長迅速。在繁殖季節，雄蟲和雌蟲交尾後，會連結產卵，雌蟲也會單獨點水產卵。

學名	Pantala flavescens	體長	腹長約 30～33 公釐，後翅長約 40～42 公釐。
科別	蜻蜓科 Libellulidae	棲息環境	普遍分布於海拔 3900 公尺以下地區
別名	大頭殼仔	觀察季節	1～12 月

善變蜻蜓

　　善變蜻蜓是台灣常見的蜻蜓。雄蟲的複眼為暗紅褐色。合胸深紅褐色。翅膀大部分面積為紅褐透明，翅膀的端部有小面積為透明區域，翅痣為紅色。腹部紅褐色，背部中脊線有黑色條紋，兩側也有細小的黑色斑紋。肛腹器紅色或黃褐色，末端為黑色。雌蟲體型和雄蟲類似，有部分個體體色和雄蟲也類似，但有部分個體則為黃褐色。還沒有成熟的雄蟲，也是黃褐色。

　　會以成蟲的方式度冬，因此整年中都有成蟲活動的蹤跡。雄蟲喜歡停在岸邊突出的枝頭上。在繁殖季節，雌蟲以點水的方式產卵，雄蟲會在附近護衛。

學名	*Neurothemis ramburii*	體長	腹長約 22 ～ 25 公釐，後翅長約 26 ～ 30 公釐。
科別	蜻蜓科 Libellulidae	棲息環境	在台灣和蘭嶼，普遍分布於海拔 1500 公尺以下河口、湖泊、野塘、溪流、水田和沼澤等靜態水域。
別名	暗紅脈蜻	觀察季節	1 ～ 12 月

青紋細蟌

青紋細蟌交尾（右♂左♀）

　　青紋細蟌是台灣分布最廣的豆娘，喜歡棲息在溪流、河口、池沼、野塘或湖泊，連都市公園都很常見，幾乎整年都可以看見成蟲的蹤跡，雌雄常連結飛行。

　　雄蟲的複眼上半部為黑色，下半部為綠色或淡綠色。合胸綠色，從側面看，有兩條明顯的黑褐色斑紋。翅膀透明，翅痣淡黃色。腹部的背面為黑色，腹面為綠色或黃綠色。腹部末端的藍色呈「L」型。雌蟲的體色變化非常大，有些個體與未成熟的雄蟲類似；某些個體胸部為暗綠色，合胸有一條不很明顯的褐色斑紋。腹部黑褐色，第1～2腹節有淡橙色斑紋，第8～9節為淡黃色。

學名	Ischnura senegalensis	體長	腹長約 22～25 公釐，後翅長約 17～19 公釐。
科別	細蟌科 Coenagrionidae	棲息環境	海拔 2500 公尺以下中低海拔地區。溪流、河口、池沼、野塘、湖泊，連都市公園都很常見。
別名	藍胸細蟌	觀察季節	1～12 月

蘆葦

　　蘆葦為大型草本植物，屬多年生大型禾草，稈高3～4公尺。雖然看起來像雜草，其實用途很多：根部洗淨後可吃，有點甜味；嫩筍可切段炒肉絲或煮湯；嫩葉可當牛羊馬的飼料；果實去殼後取米，可煮飯或粥；稈可搭茅屋，或代替軟木當絕緣材料；外層稈壁可編織成簾或席；纖維可以造紙；花序作掃帚；根能入藥，可以說全株都是寶。相傳達摩祖師還能「一葦渡江」！

　　常有人把蘆葦和五節芒搞錯，其實分辨方法很簡單：一般來說，蘆葦長在沿海沼澤區，五節芒則到處可見，主要生長區為山區；其次，蘆葦的節間明顯，花穗為黃褐色，而五節芒的節間不明顯，花穗剛開的時候為淡紫紅色。

學名	Phragmites australis Phragmites communis	棲息環境	沿海沼澤區
科別	禾本科 Gramineae		
別名	蘆根、蘆莖、蘆花、蘆葉、水蘆、水蘆竹、蒲蘆、碧蘆、葦、蘆、葭、蘆竹、蒲葦、葦子草、蘆荻	觀察季節	2～11月，花期8～11月

水筆仔

　　水筆仔是紅樹林的成員之一。莖高可達 5 公尺，樹皮為灰褐色，莖節和分枝很多。根具有海綿狀組織，能幫助吸收氧氣和過濾大部分的鹽分，基部呈叢狀向下，經常形成板根狀裸露於地面。葉形為長橢圓形，葉質為厚革質，葉表光滑。花為白色，花瓣 5 枚，每枚 2 裂，裂片細裂為絲狀，看起來像舌狀花瓣的其實是花萼。果實為胎生苗，長達 20 公分，含有單寧酸，可防止螺類、螃蟹等生物吃食。

| 學名 | *Kandelia candel* | 生長環境 | 沿海沼澤區 |
| 科別 | 紅樹科 Rhizophoraceae | 觀察季節 | 3～10 月，花期 6～8 月 |

紅樹林小檔案

「紅樹林」的由來，是源於紅樹科植物「紅茄苳」的特徵：木材、樹幹、枝條、花朵都是紅色的，樹皮含有大量「單寧」，能提煉紅色染料，馬來人稱它的樹皮為「紅樹皮」，中文名稱就叫做紅樹，因此植物學家通稱這種生活在半鹹水的植物為紅樹林。台灣原本有：水筆仔、紅海欖（舊名五梨跤）、細蕊紅樹、紅茄冬、海茄冬、欖李等六種；現在只剩下水筆仔、紅海欖、欖李和海茄苳四種，細蕊紅樹、紅茄冬因建高雄港而消失。而在僅存的四種之中，只有水筆仔和紅海欖有胎生苗現象。

水筆仔的胎生苗呈圓錐狀，結果之後會繼續成長，胚莖抽長成為筆狀，一枝枝垂掛在枝條間，極為壯觀。一直到隔年2～4月間成熟呈紅褐色掉落，便直接插在爛泥中長成另一株新的個體。

中、下游區

下游的河道比河口窄，仍屬於平原區，水的流速比河口快，但比中、上游緩慢，也有某些特定的生物住在這裡。

上溯到中游區，流速適中，食物來源相對穩定、生物較多，通常是一條溪流的精華區。

台灣石䲜

　　台灣石䲜在台灣中央山脈以西的溪流中，近年來有人把牠們和粗首馬口鱲一起帶到東部去野放，成為當地的「優勢種」魚類，這麼做是破壞生態的行為。

　　台灣石䲜的身上有七條明顯黑色「橫紋」，越小越清楚，長大以後橫紋仍然存在，只是越大的時候越模糊。雜食性，主要吃石頭上的藻類和水生昆蟲。雄魚和雌魚都有「追星」。牠們的魚卵有毒，不可以誤吃，不然會引起腹瀉、頭暈、嘔吐等現象，應特別留意。

學名	*Acrossocheilus paradoxus*（Gunther）	體長	最大可以長到 15～20 公分，雄魚個體比較小。
科別	鯉科	棲息環境	中央山脈以西的溪流中游附近，通常喜歡在水流湍急的地方。
別名	石斑、石冰仔	觀察季節	1～12 月

台灣馬口魚

　　台灣馬口魚的俗名為山鰱、山鰱仔或砂鰱仔，牠也是台灣特有種，身上有一條藍黑色的「縱帶」，是辨認牠們的重要特徵。通常棲息在溪流中游，水溫比較低的地方。成熟的雄魚有「追星」，雌魚沒有。馬口魚很貪吃，有時會吃得胖嘟嘟的。

學名	*Zacco barbata*（Regan）	體長	15 公分左右
科別	鯉科	棲息環境	通常在溪流中游，水溫比較低的地方。
別名	山鰱、山鰱仔或砂鰱仔	觀察季節	1～12 月

粗首馬口鱲

① 粗首馬口鱲♂。
② 粗首馬口鱲♀。

　　台灣特有種，常和台灣光唇魚、台灣鏟頜魚、台灣馬口魚等混居在一起。吃水生昆蟲和藻類，黃昏時常躍出水面捕食溪水表面的昆蟲。

　　在台灣的溪流中，色彩鮮豔的淡水魚並不多，粗首馬口鱲的雄魚是少數中的一種，尤其在繁殖季節，一身虹彩加上「追星」非常醒目。雌魚就沒那麼鮮豔了，可能是因為要傳宗接代，不能太過花俏，以免被敵人消滅而誤了大事。雌魚會將卵產在溪流邊，水流緩慢、底質為砂且富含藻類的地方。

學名	Opsariichthys pachycephalus (Gunther)	體長	最大 25 公分
科別	鯉科	棲息環境	中央山脈以西水流緩和，藻類繁生的的各溪流中、下游
別名	闊嘴郎、苦槽仔、溪哥仔	觀察季節	1～12 月

長鰭馬口鱲

長鰭馬口鱲 ♂

　　口裂中大，末端只達眼睛直前，體被中大圓鱗，鱗片較粗首馬口鱲大而亮，雄魚體側有10～12條鮮豔的藍綠色橫紋，雌魚體側橫紋為不明顯的淺灰色。雜食，生性活潑，喜歡居住在高溶氧量的溪流，最大可長到10～15公分。台灣西部苗栗縣大湖以北各河川中、下游都有牠的蹤跡。

學名	*Opsariichthys evolans* (Jordan & Evermann)	體長	最大可到10～15公分
科別	鯉科	棲息環境	苗栗縣大湖以北高溶氧量的溪流中、下游
別名	紅貓、苦槽仔、溪哥仔	觀察季節	1～12月

短吻小鰾鮈

　　短吻小鰾鮈為台灣特有種。吻皺如塌鼻，嘴巴很小，位置在吻下，唇發達而有許多小乳突，口角有一對短鬚，體側中央有一條顏色較淡而完全不連貫的黑色縱帶。棲息於河川中游，住在水流比較平緩的溪流底部。黃昏的時候，常常成群啃食溪流底部的藻類。

學名	*microphysogobio brevirostris Gunther*	體長	可達 9 公分
科別	鯉科	棲息環境	普遍分布於台灣西部平原，苗栗後龍溪以北。河川中游，水流較平緩的溪流底部。
別名	短吻鐮柄魚、車栓仔、船釘仔	觀察季節	1～12 月

高身小鰾鮈

　　身體特徵和習性與短吻小鰾鮈類似，但黑色縱帶顏色比短吻小鰾鮈來得深，而且連貫。本種主要分布於中部的大安溪以南地區。

　　高身小鰾鮈和短吻小鰾鮈一樣，會成群啃食石頭上的藻類，食物不足時，也會濾食泥砂中的有機物碎屑，並將剩餘不需要的砂粒，從鰓蓋的縫隙拋出體外，很有趣。

學名	microphysogobio alticorpus Banarescu	體長	一般為 3～5 公分，成魚約可達 7 公分。
科別	鯉科	棲息環境	主要分布於中部的大安溪以南深潭中的潭尾處
別名	短吻鑲柄魚、車栓仔、船釘仔	觀察季節	1～12 月

陳氏秋鮀

　　陳氏秋鮀有 4 對鬚，口角鬚的長度到達眼睛直下方，側線完全、平直，身體的背部灰褐色，腹部灰白色，側線上方有一條不明顯的塊狀斑紋所連成的縱紋，雄魚和雌魚的顏色接近。底棲生活，喜歡生活在急流的溪流底部，是台灣特有種。本種的命名是紀念我國著名的動物學家「陳兼善教授」的。

　　在台灣，秋鮀有兩種，一種是陳氏秋鮀，另外一種是中間秋鮀。中間秋鮀的眼睛比較大，陳氏秋鮀的眼睛比較小，是主要的辨別特徵。

學名	*Gobiobotia cheni Banarescu & Nalbant*	體長	可以長到 7 ～ 8 公分
科別	鯉科	棲息環境	灣的中部地區河川，大肚溪和濁水溪一帶。急流的溪流底部。（中間秋鮀分布在台灣的南部溪流，主要在高屏溪的中游一帶）
別名	八鬚鯉	觀察季節	1 ～ 12 月

中間秋鮀

　　中間秋鮀為台灣特有種。初級淡水魚。雜食性，主要以底棲小型無脊椎動物為食，或啄食石礫濾食藻類及有機碎屑。遇到驚擾的時候，會鑽到砂中躲藏。

　　頭大而平扁，吻圓鈍。有鬚4對，頜鬚1對，末端僅達眼眶前緣之下方；頤鬚3對，頤鬚間有許多小乳突。側線鱗數36～38。體背側黃褐色，腹部灰白色。體背部布有小斑點，側線中央有一條由7～9個黑色塊狀斑紋所連成的縱紋；眼下緣至口角處具一黑色線紋。

學名	*Gobiobotia intermedia Banarescu & Nalbant*	體長	最大 12 公分左右
科別	鯉科	棲息環境	南部高屏溪中流及其支流，水流湍急、高溶氧的底層。
別名	八鬚鯉	觀察季節	1～12月

鯽

　　鯽魚是台灣「本土原生種」，中國大陸也有，牠是台灣農業時代孩子們的玩伴，在那個時候，很多小孩都喜歡釣鯽魚玩。

　　鯽魚身體背部銀灰色，略帶金黃，腹面銀白色，沒有鬚，雜食性。喜歡在水草多的泥質淺水溪流或野塘，適應力很強，對水溫和鹽分的容忍力很高，最大可以長到 10 公分，重 1 公斤。

學名	Carassius auratus (Linnaeus)	體長	最大可以長到 10 公分
科別	鯉科	棲息環境	水草多的泥質淺水溪流或野塘
別名	鯽仔魚、土鯽、鮒	觀察季節	1～12 月

鯉魚

　　鯉魚是鯉科魚類的代表，身體延長而稍稍側扁，背部隆起而腹部圓，有兩對鬚，吻鬚比較短，頷鬚比較長。身體背部暗灰綠色，側面黃綠色，腹面淺灰色，胸鰭和腹鰭淺金黃色。一般觀賞用的錦鯉，是本種經人工育種所得的不同色彩的種類，還有「鏡鯉」也是。

　　鯉魚是我國養殖的魚類之一，生長迅速，雜食性，喜歡吃螺、蜆、水生昆蟲、水生植物和藻類。自古以來，鯉魚就被認為是吉祥的象徵，因此有「鯉躍龍門」之說。

學名	Cyprinus carpio Linnaeus	體長	兩年約可長至 30 公分，體重約 1～1.5 公斤，最大可以超過 20 公斤。
科別	鯉科		
別名	魚代仔	觀察季節	1～12 月

高身鏟頜魚

　　高身鏟頜魚是台灣特有種，原本列為「珍貴稀有」的「保育種」魚類，2009年從保育類名單除名。俗稱「赦免」、「免仔」，民間有此一說：有錢的吃「赦免」，沒錢的吃「鱔」，可見高身鏟頜魚在人類心目中的地位相當高貴。以附著在石頭上的藻類和水生昆蟲為食物，成長迅速。

學名	Onychostoma alticorpus Oshima	體長	最大可以長到50公分，體重可以到達60公克。
科別	鯉科	棲息環境	南部及東部溪流中游，水流湍急的水域。
別名	赦免、免仔	觀察季節	1～12月

唇鱲

　　屬於初級淡水魚。身體延長,略側扁,腹部圓形。吻長而突出,口下位,口部可略向前下方伸出。有1對鬚,體被中小型的圓鱗,有銀色光澤;側線完全而略平直。身體銀白色,體背側為淡青綠色,腹部白色。幼魚的體側具有一列8～10個不明顯的黑斑,長成成魚時便消失。大雨過後,河水暴漲且變得混濁時,則較為活躍而到處覓食。主要以水生昆蟲、蝦或螺類為食。性情兇猛,在限制的空間內,常會攻擊體型較小的其他魚類。

學名	Hemibarbus labeo (Pallas)	體長	平均體長 12.9 公分
科別	鯉科	棲息環境	主要分布於淡水河流域的主、支流。水流略急、寬廣的水域,通常在潭區中下層活動。
別名	魚密、竹竿頭	觀察季節	1～12月

圓吻鯝

　　身體側扁，頭小，眼小吻鈍。口下位，橫裂，下頜前緣具有發達的角質層，沒有鬍鬚。體被細小的圓鱗，側線完全。體背側呈灰黑色，體側和腹部為銀白色。胸鰭和尾鰭為淡黃色。胸鰭和腹鰭有時會呈現橙黃色。成熟雄魚的頭部和胸鰭有非常明顯的追星。屬於初級淡水魚。具有群聚性，常會成群游動。利用下頜刮食附著在石頭上的藻類，成長速度較為緩慢。常和竹竿頭、台灣光唇魚、台灣鏟頜魚、長鰭馬口鱲、短吻小鰾鮈、台灣台鰍、中華花鰍等魚類共域生活。

學名	Distoechodon tumirostris Peters	體長	一般為 15～25 公分，最大可達 35 公分。
科別	鯉科	棲息環境	北部以及蘭陽地區的水域。河川中、下游或湖泊中下層。
別名	魚密、竹竿頭	觀察季節	1～12 月

　　屬於初級淡水魚，是台灣低海拔地區常見的魚類。體背青灰色，側面和腹面為銀白色，全身具有很強的反光，沒有花紋，身上的鱗片很容易脫落。喜歡群聚棲息在溪流、湖泊和水庫等水域的上層。主要攝食藻類，也吃高等植物碎屑、甲殼類和水生昆蟲。繁殖力和適應性都很強，能容忍比較汙濁的水域。

　　在日月潭，漁民常用四角定置網捕捉，是當地特殊的風景。

學名	Hemiculter leucisculus (Basilewsky)	體長	7～12，最長 18 公分。
科別	鯉科	棲息環境	西部各地溪流中、下游一帶、湖泊和各大水庫的上層。
別名	奇力仔、鰺條	觀察季節	1～12 月

台灣副細鯽

　　台灣副細鯽在 2009 年被列入保育類名單，目前已經很稀少了。主要分布於台灣中部的小溝渠和小溪流。背部墨綠色，體側和腹部銀白色，沒有鬚，側線以上的鱗片有新月形黑色斑紋，奇數鰭淺紅色。雜食性。詳細的生態還不十分清楚，需要進一部研究。

學名	*Pararasbora moltrechti Regan*	體長	一般成魚體長約 10 公分，大的雌魚可達 15 公分。
科別	鯉科	棲息環境	中部的小溝渠和小溪流
別名	台灣白魚	觀察季節	1～12 月

菊池氏細鯽

　　體延長而側扁，腹鰭基部的後方有一不完全的腹稜。口端位，下頜略突出，且較長於上頜，口裂向下斜走；沒有鬚。體被圓鱗。側線不完全，延伸至腹鰭基部上方。體色呈淺黃褐色，背部微黃綠色，腹部灰白色。成魚體側自眼後至尾鰭基部有一灰藍色的縱線。本種為台灣特有種，分布於東部的台東、花蓮及宜蘭等地的河川、湖沼中。棲息在較緩流的水域，或是水生植物繁生的池沼水域，活潑善跳躍，以藻類和掉落的昆蟲為食。

學名	*Aphyocypris kikuchii* (Oshima)	體長	以 3～5 公分較為普遍，成魚可長到 7 公分。
科別	鯉科	棲息環境	台東、花蓮及宜蘭等地河川、湖沼中。在較緩流的水域，或是水生植物繁生的池沼水域。
別名		觀察季節	1～12 月

何氏棘魞

　　何氏棘魞分布於台灣南部和東部的溪流，雄魚在成熟期有明顯的追星，雌魚也有。鱗片很大，體型也很大，最大可以長到 30 ～ 40 公分，體重最重可以長到 10 多公斤，平常約有 1 公斤，是台灣溪流原產魚類的巨無霸。

學名	*Spinibarbus hollandi Oshima*	體長	最大可以長到 30 ～ 40 公分
科別	鯉科	棲息環境	南部和東部水流稍急，河底為礫石的溪流。
別名	鯁仔	觀察季節	1 ～ 12 月

台灣間爬岩鰍

　　台灣間爬岩鰍，棲息在湍急的溪流，是台灣特有種。這種小不點，雄魚身體有小花紋迷彩，雌魚則較為一致的墨綠色，最大可以長到 5～9 公分，以藻類為食物。

　　台灣間爬岩鰍和埔里中華爬岩鰍長得很像，最主要的分別在於腹鰭不一樣，台灣間爬岩鰍的腹鰭分開，體型比較小一點；埔里中華爬岩鰍的腹鰭則完全癒合。

　　有人捕捉台灣間爬岩鰍和台灣台鰍醃製成「石貼漬」，一時的口腹之欲，使牠們的族群越來越少。

學名	Hemimyzon formosanum (Boulenger)	體長	最大可以長到 5～9 公分
科別	平鰭鰍科	棲息環境	湍急的溪流
別名	石貼仔	觀察季節	3～11 月

埔里中華爬岩鰍

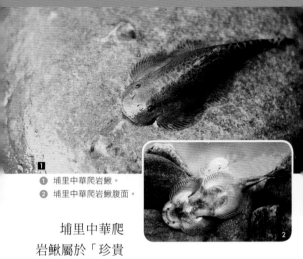

① 埔里中華爬岩鰍。
② 埔里中華爬岩鰍腹面。

埔里中華爬岩鰍屬於「珍貴稀有」的保育類，也是「台灣特有種」魚類，身體淺黃色到墨綠色。是台灣的平鰭鰍科魚類中，體形比較大的一種。能夠平貼在石頭上。經常在石頭間迅速移動，食物是青苔和藻類。

埔里中華爬岩鰍和台灣間爬岩鰍長得很像，牠們最主要的分辨特徵在於腹鰭不一樣，埔里中華爬岩鰍的腹鰭完全癒合，而台灣間爬岩鰍的腹鰭是分開的。 另一個不同的是：埔里中華爬岩鰍是珍貴稀有的保育類，而台灣間爬岩鰍目前沒有被列為保育類。

學名	Sinogastromyzon puliensis Liang	體長	最大可以長到 7～9 公分
科別	平鰭鰍科	棲息環境	水流較大的湍急溪流
別名	石貼仔	觀察季節	3～11 月

台東間爬岩鰍

① 台東間爬岩鰍。
② 台東間爬岩鰍稚魚。

　　台灣特有種，屬初級淡水魚。體呈淺褐色或灰黑色，雄魚體背和頭部有蠕狀的波浪紋，偶而有半圓的白色斑；各鰭為淡黃褐色，背鰭和尾鰭具有黑白相間的條紋。

　　本種喜歡棲息在河川的中、上游，水流湍急的水域。底棲性，常以扁平的身體和胸、腹鰭平貼在石頭上。雜食性，以刮食石頭上之藻類，以及捕食水生昆蟲，或攝食有機碎屑等為食。

學名	*Hemimyzon taitungensis Tzeng & Shen*	體長	最大體長通常為 6～10 公分，最大可達約 12 公分。
科別	平鰭鰍科	棲息環境	東部溪流的中、上游一帶。河川的中、上游，水流湍急的水域。
別名	石貼仔	觀察季節	3～11 月

中華花鰍

　　中華花鰍體型小，通常可長到 6 ～ 8 公分，有鬚 4 對，身體體側有幾條黑色斑塊相連的縱帶，中央和背部各有一行黑色縱斑，側線不完全，只見於身體的前半部。各地的砂鰍有幾種不同的花紋，但花紋無論怎麼變，在尾鰭的基部都有一個黑色的點。

　　廣泛分布於台灣水質清澈而有砂質底的溪流。雜食性，主要濾食泥砂中的有機物碎屑。

學名	*Cobitis taenia Linnaeus*	體長	通常可長到 6 ～ 8 公分
科別	鰍科	棲息環境	廣泛的分布於台灣的溪流，水質清澈而有砂質底的地方。
別名	砂鰍、花鰍、條紋花鰍、砂胡溜	觀察季節	1 ～ 12 月

鯰

　　鯰魚有兩對鬚，上頷鬚很長，可超過胸鰭後緣，頭大眼小，背鰭也很小，臀鰭很大，後部和尾鰭相連，身體光滑，沒有鱗，沿身體的中央可以看到側線管的開口。身體上部灰色，有不規則的斑紋，腹部淡灰色，夜行性，喜歡吃甲殼類、小魚和青蛙。對震動非常敏感，傳說有預測地震的能力，能在地震前 6 ～ 8 小時敏感的跳躍。

學名	Parasilurus asotus (Linnaeus)	體長	最大體長可達 5 公尺
科別	鯰科	棲息環境	溪河之緩水流域、池塘與湖泊中。
別名	鯰仔、念仔魚	觀察季節	1 ～ 12 月 (夜間較佳)

塘蝨魚

　　塘蝨魚有鬚4對，身體光滑沒有鱗，多黏液，側線孔沿身體側面中央直走，身體背部暗灰色，腹部灰白，尾鰭有 3 條不明顯的橫紋；身體側面有 10 條由 5 ～ 6 個細小白點排列而成的橫斑。

　　喜歡住在河川、池塘、水草茂盛的溝渠，常常成群在一起，可以直接呼吸空氣。肉食性，以魚、蝦、水生昆蟲、軟體動物等為食物，也能離開水邊到陸地上覓食。近年來由於汙染和棲息地日漸消失，已經瀕臨絕種，需要保護。

學名	*Clarias fuscus* (Lacepede)	體長	一般為 30 ～ 50 公分，養殖可達 70 公分。
科別	塘蝨魚科	棲息環境	河川、池塘、水草茂盛的溝渠
別名	土殺、土蝨、鬍子鯰	觀察季節	1 ～ 12 月 (夜間較佳)

日月潭鮠

　　日月潭鮠有鬚兩對，背鰭和胸鰭第一根為「硬棘」，胸鰭後方的硬棘有倒鉤。脂鰭很長，後緣突起而不和背部相連，尾鰭後緣略為凹下或平直。身體光滑沒有鱗，身體側面的中央可以明顯的看見一條平直的側線，幼魚全身黑色，成魚背部黃綠色，腹部為灰白色。肉食性，以小魚、蝦和各種水生昆蟲為食。性情兇猛，通常白天躲在洞穴，晚上才出來活動。

學名	*Leiocassis adiposalis* （Oshima）	體長	最大可以長到 12～25 公分
科別	鮠科（黃顙魚科）	棲息環境	河川中上游的水層底部
別名	脂鮠、三角姑、淡水河鮠、長鰭鮠	觀察季節	1～12 月（夜間）

台灣鮰

　　台灣鮰背鰭短小，背鰭和胸鰭都有一根「硬棘」，脂鰭低長而末端不特別突出。身體沒有鱗片，富黏液。呈黃棕色，腹部淺黃色。夜行性，以水生昆蟲和其他的小型動物為食。通常只能長到 7～8 公分。背鰭和胸鰭上的硬棘具有很強的毒性，如果被刺到會紅腫劇痛，應特別小心。

學名	*Leiobagrus formosanus* Regan	體長	7～8公分
科別	鮰科	棲息環境	西部濁水溪、大甲溪、烏溪等溪流中上游底層。
別名	紅噹仔（閩南話）、黃蜂（客家話）	觀察季節	1～12 月（夜間）

明潭吻鰕虎

❶ 明潭吻鰕虎♀。　❷ 明潭吻鰕虎♂。　❸ 明潭吻鰕虎的發眼卵。

　　明潭吻鰕虎為台灣特有種。有兩個背鰭，雄魚的第一個背鰭的第二、三棘延長；雌魚的第一背鰭鰭條不特別延長，抱卵時腹部變得比較渾圓，是辨認性別的重要特徵。鰕虎科魚類的腹鰭大多數都癒合特化為吸盤狀，能牢牢的吸附、攀爬。

　　明潭吻鰕虎有些會洄游，也有終生在溪流生活不洄游，通常由雄魚於扁平的石頭下方築巢和護卵。

學名	*Rhinogobius brunneus* (Temminck et Schlegel)	體長	最大約可長到 10 公分左右
科別	鰕虎科	棲息環境	溪流中上游底層，淺瀨、淺流的石縫或石下。
別名	狗甘仔、川鰕虎、褐吻鰕虎	觀察季節	1～12 月

赤斑吻鰕虎

　　赤斑吻鰕虎是台灣特有種，最初在 1987 年 10 月間於台中縣新社鄉大林國民小學附近的麻竹坑溪、白冷圳（屬大甲溪流域）和二櫃溪（屬烏溪流域）發現。

　　赤斑吻鰕虎體被櫛鱗，眼睛前方沒有紅色縱紋，各鰭末端白色，體側有 10 條不明顯且不規則的灰色橫斑，全身均勻布滿紅色小斑點，第一背鰭有一藍綠色的螢光斑，是一種非常漂亮的小魚，但牠的習性還需進一步調查研究。

學名	*Rhinogobius rubromaculatus* (Temm inck et Schlegel)	體長	5～6公分
科別	鰕虎科	棲息環境	台中縣新社鄉麻竹坑溪、白冷圳和二櫃溪。清澈見底、流量不大的小山澗或小支流。
別名	狗甘仔、山狗甘仔	觀察季節	1～12 月

細斑吻鰕虎

　　細斑吻鰕虎為台灣特有種。有兩個背鰭，腹鰭癒合而為小圓形吸盤，能在水中的岩石上吸附和攀爬。身上被大型櫛鱗，身體的底色為褐色或黑褐色，頰部密布黑褐色的細小斑點，所以叫做細斑吻鰕虎，雄魚的斑點比雌魚多，雄魚頰部細斑可多達 100 個以上，雌魚大約 30 個。腹部黃色，雌魚的尾鰭基部有兩個分離的黑斑。

　　喜歡成群在岩石上或石頭縫中活動，成魚有護卵行為。偏肉食性，主要以水生昆蟲、小魚、小蝦、小蟹和小型的無脊椎動物為食。

學名	*Rhinogobius delicatus Chen & Shao*	體長	一般為 3～6 公分，最大可達 8 公分左右。
科別	鰕虎科	棲息環境	花、東一帶溪流的中、上游，喜歡成群在岩石上或石頭縫中活動。
別名	狗甘仔	觀察季節	1～12 月

極樂吻鰕虎

　　極樂吻鰕虎和明潭吻鰕虎的體型接近，但頭部稍大一些些，頭部眼睛前方有 5 條蠕蟲狀條紋，鰓蓋側面有 5 條橫走波紋，某些個體胸鰭基部上端有一藍黑色斑。體側每一鱗片後緣有一白色斑，體側有 5 條不規則黑斑。喜歡吃水蟲、小蝦、小魚，棲息在水流較緩的野塘、湖泊和溪流中、下游，有部分族群會洄游。最大能長到約 7～8 公分，洄游型成魚的體型較大，能長到約 10 公分左右。

學名	Rhinogobius giurinus (Rutter)	體長	最大能長到約 7～8 公分，洄游型成魚的體型較大，能長到約 10 公分左右。
科別	鰕虎科	棲息環境	水流較緩的野塘、湖泊和溪流中、下游，有部分族群會洄游。
別名	狗甘仔	觀察季節	1～12 月

七星鱧

　　七星鱧屬於鱧科的魚類，通常喜歡居住在溪流、池塘或沼澤水草繁茂的水域。是一種兇猛的肉食性魚類，以魚、蝦和其他的小動物為食。牠們的頭部像蛇，身體有 8 ～ 9 條倒ㄑ字形黑色橫紋，但小魚不明顯，倒是尾鰭基部的黑色圓斑，俗稱土地公蓋的印章，連幼魚都很清楚。成魚會保護卵和剛孵化的幼魚。具有上鰓器，可以探出水面直接呼吸空氣，所以很耐命。

學名	*Channa asiatica* (Linnaeus)	體長	一般長約 20 公分，最大可超過 30 公分以上。
科別	鱧科	棲息環境	溪流、池塘或沼澤水草繁茂的水域。
別名	鮎鮘、月鱧	觀察季節	1 ～ 12 月

褐樹蛙

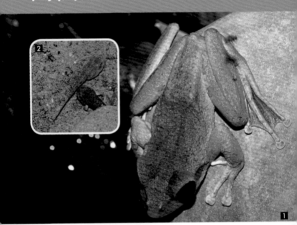

① 褐樹蛙。 ② 褐樹蛙的蝌蚪。

　　褐樹蛙為台灣特有種。背部的顏色以褐色調為主，從淡褐色、褐色到黑褐色都有，而且會隨著隨環境而改變。吻端到兩眼之間，有一塊淺色的三角形斑，此外，上下唇有黑白相間的橫紋，這些都是褐樹蛙的正字標記。

　　平常棲息在樹上或躲在石縫中，5到8月繁殖期會就近遷移到溪流生殖，每次產卵300～400粒，卵一粒粒分離黏在石頭底下，通常聚成一堆。蝌蚪底棲性，通常吸附在石頭上，出現於溪邊水流較緩的地方。

學名	Buergeria robusta (Boulenger)	體長	雄蛙約可長到4～5公分，雌蛙可達6～7公分，甚至還有某些老熟的雌蛙，可以長到將近10公分左右。
科別	樹蛙科	棲息環境	全台低海拔地區溪流邊
別名	壯溪樹蛙	觀察季節	3～12月

日本樹蛙

　　日本樹蛙的上下唇有黑色橫帶。背部的顏色變異很大，常隨環境而變成鉛灰色、淡褐色或黃褐色。兩眼間有一條深色橫帶，背部有 X 型或 H 型深色花紋。皮膚粗糙，有許多的顆粒狀突起。背中央近肩胛處有一對短棒狀突起，是辨認的重要特徵。繁殖期大約在 2 ～ 10 月，常成群出現在水溝底部、溝壁和石頭上鳴叫，叫聲高而響亮，是全台中、低海拔山區，夏夜裡常聽到的蛙聲。此外，喜歡在溫泉裡活動，像北部的泰安溫泉、仁澤溫泉，以及東部的知本溫泉，都可找到牠們的蹤跡。

學名	*Buergeria japonica* Hollowell	體長	雄蛙可長到 2.5 ～ 3 公分，雌蛙 3 ～ 4 公分。
科別	樹蛙科	棲息環境	全台中、低海拔山區的小溝渠、小溪流。
別名	日本壯溪樹蛙	觀察季節	2 ～ 10 月

斯文豪氏赤蛙

斯文豪氏赤蛙吻端尖圓。背部顏色變化很大，有時是一致的綠色或褐色，有時是綠色雜夾一些褐色斑，或者褐色帶有綠色斑，幾乎每一隻都長得不一樣。體側淺褐色或淺綠色，散布著許多黑斑。指（趾）端膨大成明顯的吸盤。一次產大約 40 ～ 50 顆，經常小堆小堆的產在淺水區域的石頭下或石縫中。蝌蚪黑褐色，口部腹側稍凹陷，可協助吸附在石頭上。終年住在溪澗，白天躲在石縫或溪邊草叢裡，偶而也會發出清脆且很像鳥叫般的「啾一」聲，常讓賞鳥的「菜鳥」以為是鳥叫。

學名	*Rana swinhoana Boulengeer*	體長	雄蛙約可長到 6 ～ 7 公分，雌蛙約 8 公分。
科別	赤蛙科	棲息環境	全台 2000 公尺以下山區溪流附近，特別喜歡瀑布區。
別名	尖鼻赤蛙、棕背蛙、瀑布蛙	觀察季節	1 ～ 12 月

拉都希氏赤蛙

　　拉都希氏赤蛙背部紅棕色或棕灰色。背側褶發達，中央部分最寬厚。從吻端沿鼻孔、背側褶下方有黑色縱紋。腹側有許多大大小小的黑斑。皮膚粗糙，有許多小顆粒。

　　整年都可以進行生殖活動，但主要集中在春、秋兩季，會成群結伴遷移到水邊鳴叫，叫聲聽起來很像細小的拉肚子聲。每次產卵 350～450 粒，卵常一粒黏一粒，呈長條狀纏繞在水中植物體上；或聚成團狀，有時會數十個卵塊聚成一大團。

學名	Rana latouchii Boulenger	體長	雄蛙大約可到 4～5 公分，雌蛙約 5～6 公分。
科別	赤蛙科	棲息環境	全台平地、中低海拔山區，在長有水草的積水地、流動緩慢的溝渠或溪流繁殖，也棲息在都市裡面，是適應力很強的一種蛙類。
別名	闊褶蛙	觀察季節	1～12 月

梭德氏赤蛙

　　梭德氏赤蛙背部褐色，腹部白色光滑。皮膚光滑，但有一些小顆粒狀突起。從吻端到眼睛有一個黑眼罩。四肢細長有深褐色橫紋，指（趾）端擴大成小吸盤。

　　平常棲息在森林底層，繁殖期遷移到溪流。繁殖季節依海拔高度而異，高海拔地區 4 ～ 5 月繁殖，中低海拔則在 9 ～ 12 月繁殖。卵球狀，常黏在石頭底下，每次產 300 ～ 450 粒左右。蝌蚪口部腹側具有吸盤，可吸附在石頭上。

學名	Pseudoamolops sauteri (Boulenger)	體長	雄蛙可長到 4 ～ 5 公分，雌蛙 5 ～ 6 公分。
科別	赤蛙科	棲息環境	廣泛分布全台各地，連海拔高達 3300 公尺的山區都可見蹤跡。
別名	拜庫雷鰕虎、斑紋雷鰕虎、狗甘仔	觀察季節	4 ～ 12 月

　　福建大頭蛙頭又大又扁，眼睛瞳孔菱形紅色，下頜有兩個齒狀突起是辨認的重要特徵。背部的顏色變化很大，有深褐、灰棕、紅棕或黃棕色等。皮膚光滑，但有許多棒狀疣粒。後肢短而粗壯，有黑橫紋，趾間全蹼。雄蛙第一、二趾上有黑灰色婚墊。卵徑約 2 公釐，卵粒一顆顆散落在水底，很像大粉圓。一次產卵大約 20～60 粒，雌蛙一年可以生殖很多次。

　　只要氣候溫暖適宜，可以終年繁殖，但在寒冷的 1、2 月比較少見。

學名	Limnonectes kuhlii (Tschudi)	體長	無論雌雄大約都可長到 6～7 公分，雄蛙比雌蛙大一點點。
科別	赤蛙科	棲息環境	北部和西部 1000 公尺以下山區。遮蔽良好、有落葉和淤泥的淺水溝或溪澗中；白天也看得到，但多半躲在落葉底下。
別名	大頭蛙	觀察季節	1～12 月

粗糙沼蝦

　　粗糙沼蝦大型雄性個體頭胸甲粗糙，體色為極深的墨綠色；而中、小型個體在頭胸甲與腹部交界處有一圈深色細點，體色為半透明。第二步足動指與不動指交接處通常為橘紅色。屬於陸封型甲殼類，卵徑很大。

　　棲息於溪流中、上游或水庫、湖泊等地，原本只分布於台灣西部各溪流，近年來也被引進到東部地區，對溪流生態造成衝擊。

學名	macrobrachium asperulum	體長	3～9公分
科別	沼蝦科	棲息環境	溪流中、上游或水庫、湖泊等地。原本只分布於台灣西部各溪流，近年來也被引進到東部地區。
別名	黑殼沼蝦、黑殼仔	觀察季節	1～12月

大和米蝦

　　大和米蝦是一種很美的小蝦子，體色通常為淡綠色至半透明，頭胸甲至腹節均散布斷續的紅棕色縱紋。分布於琉球、日本，以及台灣北部、東北部、東部及南部溪流。

　　大和米蝦動作輕柔優雅，體型適中，常被飼養在水族造景缸中，不用擔心會被其他魚、蝦捕食，可以用來觀賞和清除附著性藻類，因此水族業界稱牠為「大和藻蝦」。

學名	Caridina japonica	體長	約 3.5 公分
科別	匙指蝦科	棲息環境	分布於琉球、日本，以及台灣北部、東北部、東部及南部溪流。
別名	大和藻蝦	觀察季節	1～12 月

拉氏清溪蟹

　　拉氏清溪蟹早在 1914 年就已經被命名，是台灣第一個命名的特有種蟹類。最大特徵是：螯足指節的尖端呈紅色，依據這個特徵就可以和其他台灣的溪蟹區分。

　　拉氏清溪蟹喜歡生活在清澈的溪流，通常以夜行性為主；不過，在比較沒有干擾的地方，白天也會出來活動。雜食性，水裡的藻類、水生昆蟲、魚類、蝦，都是牠們愛吃的食物；此外，也會捕食陸地上的蚯蚓和各種昆蟲，以及蛙類與螃蟹，甚至包括體型比自己小的同類。

學名	Candidiopotamon rathbunae	體長	通常 3～4 公分，最大可達約 5 公分。
科別	華溪蟹科	棲息環境	西部是從新北市的南勢溪往南一直延伸到恆春半島，東部從立霧溪往南延伸到恆春半島。從河口到海拔 2000 公尺的高山清澈溪流都有蹤跡。
別名	暗公獅	觀察季節	1～12 月

宮崎氏澤蟹

　　這種名字東洋味十足的螃蟹，屬於台灣特有種大型澤蟹。頭胸甲接近方形，甲面光滑，左右兩邊的螯足不一樣大。整體呈紫色，但螯指和全身各關節為橙色。

　　宮崎氏澤蟹只出現在台北盆地周圍，喜歡穴居在山溝旁、草叢或樹根間的洞穴中。由於宮崎氏澤蟹常有肺吸蟲寄生，是肺吸蟲的中間寄主，所以千萬別吃牠們，以避免感染。另外，因數量稀少，有機會看見牠們，只要拍照、錄影及欣賞就好，不要採集。

學名	Geothelphusam iyazakii	體長	背甲寬大約 3 公分
科別	溪蟹科	棲息環境	穴居在山溝旁的洞穴中。只出現在台北盆地周圍。
別名	紅腳仙	觀察季節	1～12 月

　　蘭嶼澤蟹為小型澤蟹。住在海拔 50 公尺以下的溪流或是溪旁石塊下的洞穴中。頭胸甲較扁，為棕色，略呈圓方形，額部中央稍微凹入，眼窩緣的稜線明顯隆起，眼窩外齒比較鈍，前側的緣稜線明顯，有模糊的顆粒狀突起，沒有前側齒。背甲周圍比中央粗糙。螯為橙色，右螯比左螯大。步足淡棕色具有斑點，步足有點粗糙，長節背面稜線呈模糊鋸齒狀，各節都有細毛，以指節為多。

學名	*Geothelphusa lanyu*	體長	背甲寬 1.5～2.1 公分
科別	溪蟹科	棲息環境	海拔 50 公尺以下溪流或溪旁石塊下的洞穴
		觀察季節	1～12 月

台灣蜆

　　台灣的蜆科已知有四屬四種，台灣蜆為其中之一。殼略呈三角形，上面有很明顯的成長輪，可以估計牠們的年齡。殼皮為黃褐色或淺黃色，殼內面為瓷白色或暗紫色。

　　「摸蜊兼洗褲」，是很多長者童年的記憶，但台灣灌溉溝渠水泥化的後果，使得野外的台灣蜆幾乎消失。由於被認為能治肝病及清肝退火，而成為台灣目前最重要的淡水養殖貝類，並加工製成蜆精、蜆錠等健康食品。

學名	*Corbicula fluminea*	棲息環境	原本棲息在清澈的溪流、湖泊或水田等淡水水域，特別喜愛砂泥質底的環境。現為人工養殖。
科別	蜆科		
別名	蜊仔、黃金蜆	觀察季節	1～12月

朱黛晏蜓

朱黛晏蜓雄蟲的複眼上半部為綠色，下半部為黃綠色。合胸為黑色，從正面看有兩條「！」形黃斑，從側面看有兩塊大面積的黃色斑紋。腹部黑色，腹部的第 2 腹節有「山」字形的黃色斑紋，第 3 ～ 8 腹節背面有兩個黃色的斑紋。雌蟲大致和雄蟲類似，但腹部偏橙褐色，且腹部最後兩節有棘狀突起。

雌蟲會在覆蓋著苔蘚的樹幹上、泥土中、石頭上和耐陰植物的莖上產卵。稚蟲的棲地範圍很廣，只要山區溪流邊靜止的水域都有牠們的蹤影。

學名	Polycanthagyna erythromelas paiwan	體長	腹長約 56 ～ 62 公釐，後翅長約 50 ～ 55 公釐。
科別	晏蜓科	棲息環境	普遍分布在海拔 1500 公尺以下中低海拔地區的森林溪流
		觀察季節	2 ～ 12 月

無霸勾蜓

　　無霸勾蜓是台灣最大型的蜻蜓，也是台灣目前唯一被列入保育類的蜻蛉目昆蟲。雄蟲的複眼為淡藍色或淡藍綠色，額部前方有黃褐色斑紋。合胸為黑色，從正面或側面看都有兩條黃色斑紋。腹部黑色、黑褐色或黃褐色，第 2 腹節起，每節都有黃色斑紋。雌蟲的體型比雄蟲大，翅基棕褐色，腹部的黃斑也比較發達。雌蟲會在緩流或靜止的水域進行插秧式產卵。

　　從 3 月中旬起一直到 11 月中都有成蟲活動的蹤跡。

學名	Anotogaster sieboldii subsp	體長	腹長約 67～75 公釐，後翅長約 51～58 公釐。
科別	勾蜓科	棲息環境	普遍分布在海拔 1500 公尺以下中低海拔地區的森林溪流
		觀察季節	3～11 月

斑翼勾蜓

　　斑翼勾蜓是一種很漂亮的蜻蜓，雄蟲的複眼為綠色，合胸為黑色，從正面看有 4 條黃色線紋，從側面看有 3 條黃色斑紋。腹部黑色或黑褐色，第 1、2 腹節的側面有 3 塊黃色斑紋，第 3～7 節每節末端也都有黃色斑紋。雌蟲類似雄蟲，腹部第 2 節的黃斑比較發達，末端不膨大。

　　雄蟲喜歡在溪流上方低空巡弋飛行，雌蟲會在緩流或靜止的水域進行插秧式產卵。從 4 月中旬一直到 10 月中都有成蟲活動的蹤跡。

學名	*Chlorogomphus suzukii*	體長	腹長約 62～65 公釐，後翅長約 47～48 公釐。
科別	勾蜓科	棲息環境	普遍分布在海拔 1500 公尺以下中低海拔地區的乾淨森林溪流
		觀察季節	4～10 月

海神弓蜓

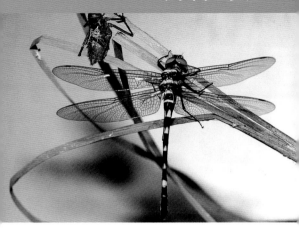

　　海神弓蜓雄蟲的複眼為有金屬光澤的綠色或墨綠色。合胸為墨綠色，有金屬光澤。從側面看有 3 條黃色的斑紋，中間的黃斑比較寬、長。翅痣黑色。腹部黑色，腹部的背面和腹面，第 2～8 腹節的黃色斑紋都很發達，其中第 7 腹節的黃色斑紋幾乎繞整圈。雌蟲腹部的黃色斑紋比較發達，翅基有淡褐色淺斑。

　　稚蟲外形酷似蜘蛛，能容忍稍有汙染的水域。雄蟲會在溪流上空來回飛行、巡弋，雌蟲會進行不連續的點水產卵。

學名	*macromia clio*	體長	雄蟲腹長約 50～53 公釐，後翅長約 45～48 公釐；雌蟲腹部比雄蟲粗，腹長約 64～68 公釐，後翅長約 51～56 公釐。
		棲息環境	普遍分布在海拔 1000 公尺以下中低海拔地區的森林溪流
科別	弓蜓科	觀察季節	2～10 月

紹德春蜓

　　紹德春蜓有兩個亞種,兩個亞種不容易分辨。原名亞種的雄蟲複眼為綠色。合胸為黑色,從側面看,有三條黃色的斑紋。翅膀透明,翅痣為黑褐色。腹部為黑色,背面的中脊線為黃色斑紋,第 6 ～ 7 腹節的前面有很清晰的黃色斑紋。

　　嘉義亞種為台灣特有亞種。雄蟲從前面看有兩條黃色縱走線紋,第 1 腹節的側面為黃色,第 3 ～ 8 腹節的前面有黃色斑紋,第 7 腹節的黃斑最明顯。

學名	*Leptogomphus sauteri*	棲息環境	原名亞種(Leptogomphus sauteri sauteri)主要分布於台灣南部和東南部 500 公尺以下的低海拔溪流。嘉義亞種(Leptogomphus sauteri formosanus)普遍分布於台灣全島 1000 公尺以下的低海拔溪流。
科別	春蜓科		
體長	(雌蟲比雄蟲稍大)	觀察季節	3 ～ 11 月

鉤尾春蜓

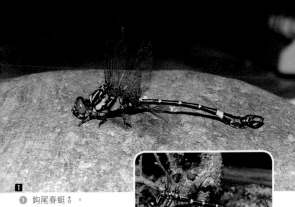

1. 鉤尾春蜓♂。
2. 鉤尾春蜓♀。

　　鉤尾春蜓雄蟲的複眼為綠色。合胸為黑色，從前面看，左右兩邊個有一個小面積的黃斑，再來是「八」字形的黃色斑紋，接著又有一條黃顏色橫向的弧形斑紋；從側面看有4條黃色的斑紋。腹部為黑色，各節都有黃色斑紋，第1～2腹節從側面看有「山」字形的黃色斑。

　　雄蟲會在溪流上方不高處飛行、巡弋，偶爾也會停在溪邊的大石頭上休息；雌蟲會在水流較緩的溪邊進行不連續性的點水產卵。

學名	*Onychogomphus formosanus*	體長	腹長約 41～45 公釐，後翅長約 35～39 公釐。雌蟲體型比雄蟲稍大。
科別	春蜓科	棲息環境	普遍的分布於台灣中、北部及東部海拔1000 公尺以下的中低海拔的清澈溪流
		觀察季節	2～11 月

金黃蜻蜓

　　金黃蜻蜓雄蟲的複眼為藍褐色，合胸覆蓋著較深顏色的藍灰色粉末，沒有斑紋。雌蟲合胸和腹部為黃褐色，從側面看有兩條寬的棕褐色斑紋，老熟的個體顏色較黑，某些老熟的個體腹部也會覆蓋藍灰色粉末。

　　成蟲的領域行為明顯。稚蟲的棲息環境很多樣，排水溝、溪流緩水處、田間灌溉溝渠、森林中的小水灘……，都能發現牠們。中、南部的個體會以成蟲度冬，因此終年都有成蟲活動的蹤跡。

學名	*Orthetrum glaucum*	體長	雄蟲腹長約 26～31 公釐，後翅長約 30～35 公釐；雌蟲腹長約 27～32 公釐，後翅長約 31～35 公釐。
科別	蜻蜓科	棲息環境	普遍分布於全台海拔 2000 公尺以下。喜歡在水域附近的草叢、枯枝或石頭上活動。
		觀察季節	1～12 月

猩紅蜻蜓

① 猩紅蜻蜓♂。
② 猩紅蜻蜓♀。

　　猩紅蜻蜓是一種非常漂亮的蜻蜓，雄蟲全身有著鮮豔亮麗的朱紅色，翅膀有極小面積的橙色，翅痣為黃色。還沒成熟的雄蟲，合胸和腹部黃色。雌蟲合胸黃色或黃褐色，腹部為黃色或黃褐色，老熟的雌蟲，體色會偏灰褐色，複眼的藍色部分也會變深。

　　猩紅蜻蜓會以成蟲的方式度冬，因此整年都有成蟲活動的蹤跡。雄蟲喜歡停在突出的枝頭上，領域性很強，雌蟲以連續點水的方式產卵。

學名	Crocothemis servilia servilia	棲息環境	台灣本島、蘭嶼、綠島和金門等地都有分布。普遍分布於海拔 1300 公尺以下的湖泊、野塘和林間的溪澗、水田等較靜態的水域。
科別	蜻蜓科		
體長	腹長約 28～33 公釐，後翅長約 33～37 公釐。	觀察季節	1～12 月

紫紅蜻蜓

① 紫紅蜻蜓♂。
② 紫紅蜻蜓♀。

　　紫紅蜻蜓雄蟲的複眼為紅色，合胸紫紅色，從側面看有不規則的黑色斑紋。還沒成熟的個體則為黃色。雌蟲複眼上半部為暗黃褐色，下半部為灰綠色，合胸及腹部黃色或黃褐色。

　　在台灣，終年都有成蟲活動的蹤跡。雄蟲喜歡停在突出的枝頭上，經常會驅逐入侵的其他雄蟲。在繁殖季節雄蟲和雌蟲交尾後，雄蟲會放開雌蟲以連續點水的方式產卵。在炎熱的日子，成蟲會將腹部垂直豎起指向太陽，原因可能是希望減少直接受到陽光曝晒的表面積。

學名	*Trithemis aurora*	**棲息環境**	普遍分布於海拔 2000 公尺以下的湖泊、沼澤、野塘或小溪流等地區。
科別	蜻蜓科		
體長	腹長約 22～26 公釐，後翅長約 26～30 公釐	**觀察季節**	1～12 月

樂仙蜻蜓

　　樂仙蜻蜓雄蟲的複眼為黑褐色，額部和頭頂為有金屬光澤的深藍色。胸部覆蓋著深藍色的粉末，從側面看有 3 條不很明顯的黑色斑紋。雌蟲合胸及腹部黃色或黃褐色，從側面看有 3 條黑色的斑紋。

　　在台灣，終年都有成蟲活動的蹤跡。雄蟲喜歡停在石頭上或突出的枝頭。在繁殖季節雄蟲和雌蟲交尾後，雌蟲以連續點水的方式產卵，雄蟲則會在附近護衛。

學名	Trithemis festiva	棲息環境	普遍分布於海拔 1500 公尺以下的溪流、沼澤或野塘等地區。
科別	蜻蜓科		
體長	腹長約 24～26 公釐，後翅長約30～33公釐。	觀察季節	1～12 月

高砂蜻蜓

　　高砂蜻蜓雄蟲的複眼上半部為深紅褐色，下半部為深褐色，額部和頭頂為有金屬光澤的深藍紫色。合胸部為黑色，從側面看有 3 條明顯的黃色斑紋。雌蟲黃色斑紋則稍大。

　　在台灣很常見。稚蟲喜歡棲息在砂質底的清澈溪流。雄蟲喜歡成群在溪流上空來回巡弋、覓食和等候雌蟲。在繁殖季節雄蟲和雌蟲交尾後，雌蟲會連結低空飛行尋找適當的產卵場所，通常產在溪邊有青苔附著的石頭上。

學名	*Zygonyx takasago*	棲息環境	普遍分布於海拔 1500 公尺以下流速較快且清澈的溪流
科別	蜻蜓科		
體長	腹長約 40 ～ 43 公釐，後翅長約 51 ～ 53 公釐。	觀察季節	3 ～ 9 月

白痣珈蟌

❶ 白痣珈蟌♂。 ❷ 白痣珈蟌♀。

　　為台灣特有種。雄蟲的頭部、胸部和腹部都是鮮豔的綠色，而且具有金屬光澤。翅膀深藍色，翅端和翅緣有極小面積的黑紫色，整個翅膀有藍紫色的金屬光澤，是大型而豔麗的豆娘，因此大陸稱牠為琉璃色蟌。

　　還沒成熟的個體，腹部藍色，翅膀深藍或淺褐，沒有金屬光澤。雌蟲的頭、胸部都是墨綠色，腹部墨綠或黑褐，也有金屬光澤，翅膀黑褐色，翅痣白色，沒有金屬光澤。

　　雌蟲交尾後會在水面下的植物上產卵，偶爾也會整隻潛入水中產卵。

學名	matrona cyanoptera	棲息環境	普遍分布在1500公尺以下地區，幾乎終年可見。喜歡住在森林中乾淨而半日照的小溪流。
科別	珈蟌科		
體長	雌蟲腹長約52～56公釐，後翅長約43～48公釐	觀察季節	1～12月

中華珈蟌（原名亞種）

　　複眼深褐色，胸部為具有金屬光澤的綠色，雄蟲的翅膀有三截顏色，翅端 1/4 為黑色到黑褐色，有不明顯的翅痣，接著的第二截為白色，第三截為黑褐色一直到翅基，腹部暗綠色轉黑褐色，沒有金屬光澤。雌蟲身體的顏色大致和雄蟲接近，但白色的翅痣很明顯，腹長和後翅長比雄蟲稍稍短一點。

　　雌蟲會在水邊石頭的青苔上、水中的落葉或水生植物上產卵；常和白痣珈蟌混居生活。

學名	Psolodesmus mandarinus mandarinus	體長	腹長約 50～58 公釐，後翅長 40～48 公釐。
科別	珈蟌科	棲息環境	主要分布在北部和東北部 1500 公尺以下地區。稚蟲棲息於陰暗潮濕的森林溪流或小山澗，成蟲很少遠離水邊，喜歡在潮濕陰暗的地區活動。
別名	川蜻蛉、色蟌	觀察季節	1～12 月

中華珈蟌（南台亞種）

　　翅端有極小面積的黑色，其他部分透明而帶有淡紫色的光澤，複眼深黑色，雄蟲有不明顯的翅痣，雌蟲的翅痣為白色。合胸綠色，具有豔麗的金屬光澤，腹部黑褐色。

　　稚蟲棲息於陰暗潮濕而乾淨的森林小溪流或小山澗，成蟲很少遠離水邊，喜歡在潮濕陰暗的地區活動。雌蟲會在水邊石頭的青苔上、水中的落葉或水生植物上產卵；常和白痣珈蟌混棲生活。

學名	Psolodesmus mandarinus dorothea	體長	腹長約 50～58 公釐，後翅長 40～48 公釐。
科別	珈蟌科	棲息環境	可能分布在台灣中南部和東部 1500 公尺以下地區，但確實的地理分布區還需要詳細調查。
別名	川蜻蛉、色蟌	觀察季節	1～12 月

棋紋鼓蟌

① 棋紋鼓蟌 ♂。
② 棋紋鼓蟌 ♀。

　　棋紋鼓蟌是一種具有金屬光澤的漂亮豆娘，雄蟲的複眼上半部黑色，下半部藍色。合胸從側面看有 4 條水藍色的斑紋。翅痣為不明顯的暗褐色。腹部黑色而有漂亮的水藍色斑紋。雌蟲身上的斑紋為黃綠色，翅痣為淡褐色。

　　在台灣中部和北部，常見棋紋鼓蟌和短腹幽蟌混居生活。雄蟲有求偶行為，也常因爭奪領域而打鬥一段不短的時間。雌蟲在溪流裡的植物或腐朽的樹木上產卵，有時也會潛入水中產卵。

學名	*Heliocypha perforate perforate*	棲息環境	分布於台灣本島 500 公尺以下的地區和蘭嶼一帶。喜歡居住在沿岸有植被的森林小溪流或開闊的清澈溪流。
科別	鼓蟌科		
體長	雄蟲腹部長約 18～19 公釐，後翅長約 28～30 公釐。雌蟲腹部長約 18～19 公釐，後翅長約 28～29 公釐。	觀察季節	4～10 月

脊紋鼓蟌

① 脊紋鼓蟌♂。
② 脊紋鼓蟌♀。

　　脊紋鼓蟌是一種非常漂亮的豆娘，雌雄成蟲的前額都有鼻狀突出，複眼和鼻狀突出具有金屬光澤。雄蟲的複眼深褐色，胸部為黑色合胸從側面看有 4 條黃色的斑紋，合胸脊線為黃色。腹部黑色而有橙黃色斑紋。雌蟲的複眼，上半部為黑褐色，下半部為黃綠色到墨綠色，合胸從側面看有 4 條綠色的斑紋。腹部黑色而有黃綠色斑紋，

　　雄蟲常因爭奪領域而打鬥。雌蟲在溪流裡的植物或腐朽的樹木上產卵，也會潛入水中產卵。

學名	*Libellago lineate lineate*	棲息環境	目前只分布在南部少數幾條 1500 公尺以下清澈、沿岸有草叢的小溪流。
科別	鼓蟌科		
體長	雄蟲腹部長約 18～19 公釐，後翅長約 18～20 公釐。雌蟲腹部長約 13～14 公釐，後翅長約 19～21 公釐。	觀察季節	4～11 月

115

短腹幽蟌

短腹幽蟌（上♂下♀）

　　台灣特有種，雄蟲合胸的部分為黑色，有些
個體有白粉覆蓋。從側面看有明顯而美麗的橙紅
色斑紋。前翅透明，翅痣黑褐色，後翅中間部分
是具有金屬光澤的黑褐色。腹部前半部紅褐色，
後半部黑色。雌蟲合胸有橙黃色或橙褐色的斑
紋，後翅比雄蟲小得多，翅膀沒有金屬光澤，某
些成熟的個體，則會轉變為淡褐色，甚至透明無
色。腹部黑色，側面有一道黃色的斑紋。短腹幽
蟌雌蟲產卵於朽木、石塊、腐葉或水生植物的莖
葉上，有時會潛入水中產卵達數分鐘之久。

學名	*Euphaea Formosa*	棲息環境	分布在全島1500公尺以下的地方。喜歡棲息在森林旁的乾淨溪流中。
科別	幽蟌科		
體長	雄蟲腹部長約38～43公釐，後翅長約27～35公釐。雌蟲腹長約29～32公釐，後翅長約29～32公釐。	觀察季節	2～11月（4～10月為最盛期）

芽痣蹣螁

　　芽痣蹣螁雄蟲複眼上半部為黑色，下半部淡乳黃色，上唇為黃色。合胸黑色，從側面看，有3條左右的黃色斑紋。翅膀透明，翅痣為紅褐色，腳橙紅色。腹部黑褐色，有淡黃色的斑紋，腹部的第九節有一個棘狀突起，它的功用目前還不清楚。雌蟲體色和雄蟲類似，腳的顏色為比較淡的紅褐色。

　　活動力不強，飛行緩慢，很少遠離水邊。

學名	Rhipidolestes aculeatus aculeatus	棲息環境	分布在海拔2000公尺以下，陰暗潮濕的小溪流或路邊小野塘。
科別	蹣螁科		
體長	雄蟲腹長約38～40公釐，後翅長約28～29公釐。雌蟲體型比較小。	觀察季節	2～11月（5～10月為最盛期）

青黑琵蟌

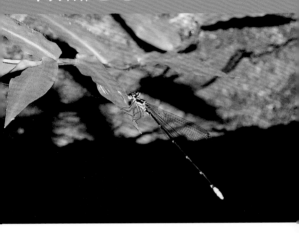

　　青黑琵蟌雄蟲複眼上半部黑色，下半為藍色。合胸黑色，從側面看，有兩塊藍色的斑紋。翅膀透明，翅痣深褐色。腹部的背面為黑色，腹部的腹面藍色，雌蟲身上的斑紋和雄蟲類似，但藍色的部分則換成鮮黃色，體型比雄蟲略小一點。

　　稚蟲喜歡居住在水質清澈的水域，成蟲則喜歡在溪流邊比較陰暗的地方活動。從1月中旬開始到12月，幾乎整年都可以看到成蟲的蹤跡。

學名	*Coeliccia cyanomelas*	棲息環境	分布於 1500 公尺以下，森林溪流邊比較陰暗的地方。
科別	琵蟌科		
體長	雄蟲腹長約 41～45 公釐，後翅長約 28～29 公釐。雌蟲腹長約 38～41 公釐，後翅長約 25～29 公釐。	觀察季節	1～12 月

黃尾琵蟌

　　黃尾琵蟌雄蟲複眼上半部黑色，下半為藍色。合胸黑色，從前面看，有兩條很短的藍色線紋，從側面看，有三塊藍色的斑紋，還沒成熟的雄蟲則為黃色。翅膀透明，翅痣深褐色。腹部的背面為黑褐色，腹部的腹面淡褐色，第9腹節到肛附器為黃色。雌蟲身上的斑紋和雄蟲類似，但合胸的前兩條藍色的斑紋在第一條藍斑前半部癒合。稚蟲喜歡居住在水質清澈的溪流或瀑布附近的水潭中，成蟲則喜歡在溪流邊比較陰暗的地方活動。

學名	*Coeliccia flavicauda flavicauda*	棲息環境	分布於中南部和東部 1000 公尺以下的森林溪流。喜歡在溪邊較陰暗的地方活動。
科別	琵蟌科		
體長	雄蟲腹長約 42～46 公釐，後翅長約 28～30 公釐。雌蟲腹長約 38～42 公釐，後翅長約 27～30 公釐。	觀察季節	1～11 月

119

朱背樸蟌

　　朱背樸蟌是一種很漂亮的豆娘，雄蟲的複眼上半部為黑色，下半為橙褐色。合胸為鮮豔的橙紅色，從側面看有兩條黑色的斑紋。翅膀透明，翅痣深褐色。腹部很細，黑褐色，第 10 節和肛附器為白色。雌蟲合胸為淡黃色或黑色，從側面看有兩條淡橙黃色或白色斑紋。

　　稚蟲喜歡棲息於砂質底的清澈溪流中，成蟲除了出現在溪流以外，也會在野塘、湖泊等地活動，比較喜歡在半日照的環境中覓食、求偶。

學名	*Prodasineura croconota*	棲息環境	分布於海拔 1000 公尺以下的溪流及湖泊一帶
科別	樸蟌科		
體長	雄蟲腹長約 31～35 公釐，後翅長約 18～22 公釐。雌蟲腹部比雄蟲粗。	觀察季節	1～10 月

橙尾細蟌

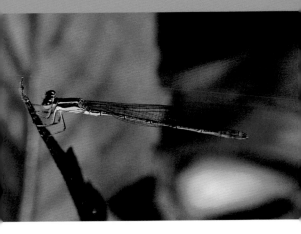

　　橙尾細蟌雄蟲的複眼上半部為黑色，下半部為綠色或黃綠色。合胸綠色，從側面看，有一條藍黑色斑紋。腹部的背面為黑色，腹面淡綠色或黃綠色，第 7 節的後半部起到第 10 節為橙色。體型及體色和未成熟的白粉細蟌類似，但沒有濃濃的白粉，而且下肛附器很短、不發達。雌蟲的複眼上半部為黑褐色，下半部為綠色或黃綠色，上唇褐色。未成熟的雌蟲胸部為淡橙紅色，腹部淺紅。

　　常會和白粉細蟌混居在一起生活。

學名	*Agriocnemis pygmaea*	棲息環境	普遍分布在 500 公尺以下的低海拔地區。喜歡棲息在雜草叢生的溪流、野塘或小溝渠邊緣。
科別	細蟌科		
體長	腹長約 15～17 公釐，後翅長約 9～10 公釐。	觀察季節	2～12 月

瘦面細螅

　　瘦面細螅雄蟲的複眼藍色。合胸藍色或淡藍色，從側面看，有一條明顯的黑褐色斑紋。翅膀透明，翅痣黑褐色。腹部的背面第 2 ～ 7 節及第 10 節為黑色，第 8 ～ 9 節為水藍色，腹面為一致的藍色，肛附器黑色。雌蟲的複眼綠色，合胸綠色或淡綠色，有一條明顯的橙褐色斑紋。翅膀透明，翅痣黃褐色。腹部的背面黑褐色，從側面看為淡黃綠色。

　　雌雄常連結產卵，或一起潛入水中產卵在沉水植物的莖部。

學名	*Pseudagrion microcephalum*	棲息環境	普遍分布在 500 公尺以下的中低海拔地區。喜歡棲息在水草繁茂的溪流、池沼、野塘或湖泊。
科別	細螅科		
體長	雄蟲腹長約 30 ～ 33 公釐，後翅長約 21 ～ 22 公釐。雌蟲腹長約 29 ～ 32 公釐，後翅長約 20 ～ 21 公釐。	觀察季節	2 ～ 12 月

弓背細蟌

　　弓背細蟌雄蟲的複眼紅色，合胸深紅色。翅膀透明，翅痣紅褐色。腹部的背面第 1 ～ 3 或 4 節為紅色，其餘腹節的背面為黑褐色，第 9 ～ 10 節有深紅色的斑紋，上肛附器相當長。未成熟的個體，體色深紅色的部分為暗橙色。雌蟲的複眼上半部暗綠色，下半部黃綠色。合胸黃綠色。翅膀透明，翅痣黃色。腹部背面黑褐色，從側面看有黃褐色的斑紋，腹面為黃褐色，第 9 ～ 10 節有白色的斑紋。

　　雌雄會連結飛行或產卵，當雌蟲潛入水中產卵時，雄蟲會停在附近的植物上護衛。

學名	Pseudagrion pilidorsum pilidorsum	棲息環境	普遍分布在海拔 1200 公尺以下的中低海拔地區。喜歡棲息在水生植物及岸邊植物繁茂的溪流。
科別	細蟌科		
體長	雄蟲腹長約32～39公釐，後翅長約 24～26 公釐。雌蟲腹長約33～38公釐，後翅長約 24～26 公釐。	觀察季節	1～12 月

白粉細蟌

　　白粉細蟌和橙尾細蟌並列為台灣最小的豆娘。成熟的白粉細蟌雄蟲，在胸部、頭的額部和上唇及腳的上半部都有濃厚的白粉，好像沾滿了白糖粉。複眼上半部黑色，下半部為黃綠色。翅膀透明，翅痣淡褐色。腹部的背面黑色，腹面為黃綠色。未成熟的白粉細蟌身上幾乎沒有白粉，體色類似橙尾細蟌。雌蟲的體色和未成熟的雄蟲斑紋類似；未成熟的個體為深紅色或橙色，上唇黑色。

學名	*Agriocnemis femina oryzae*	棲息環境	普遍分布於 1000 公尺以下的低海拔地區，特別喜歡雜草叢生的水域，包括沼澤、水田、小溪流、灌溉溝渠等。
科別	細蟌科		
體長	雄蟲腹長約 15～17 公釐，後翅長約 9～10 公釐。雌蟲的體型比雄蟲稍大一點。	觀察季節	1～12 月

　　苦草為多年生沉水性單子葉植物，喜歡生長在清澈而稍湍急的溪流或池沼。台灣的族群可能是外來的歸化種。單性花，基生，雌花花柄螺旋狀，線形，可長達 50 公分以上，花梗很長，能挺出水面，雄佛燄苞在水下，卵形，裡面有多數雄花，成熟的時候，開裂浮在水面和雌花授粉。葉線形，有點像韭菜，長度最長可達 50 公分左右，寬約 1 公分。具有走莖，叢生，平常藉走莖繁殖，如果沒有汙染，繁衍的速度很快。

學名	*Vallisnerits spiralts L.*	生長環境	清澈而稍湍急的溪流或池沼
科別	水鱉科	觀察季節	3 ～ 10 月

台灣水龍

　　台灣水龍為多年生挺水植物，匍匐莖生長旺盛，能挺出水面，並會長出白色浮囊狀的呼吸根，葉互生、橢圓形，葉尖鈍或圓，花黃色，花瓣 5 枚。分布於低海拔的溪流、池塘、水田或沼澤區。為不孕性植物，只會開花，不會結果實、長種子，必須藉旺盛的莖進行出芽生殖。族群經常占滿水域，在夏天成為特殊的田野景觀。

學名	*Ludwigia × taiwanensis Peng*	生長環境	低海拔的溪流、池塘、水田或沼澤區。
科別	柳葉菜科	觀察季節	3 ～ 11 月
別名	過江龍		

香蒲

　　香蒲為多年生挺水或濕生植物，根、莖發達，可進行出芽生殖；葉片狹長，有長葉鞘包住莖部。花單性、雌雄同株，穗狀花序，雄花在頂端，雌花在下方，沒有花被。子房柄的基部有乳白色的絲狀毛，果實成熟時，絲狀毛會乘風而去，將種子傳播到各處。

　　另一種和香蒲長得很像的是長苞香蒲，花序像連續圓柱形冰棒或蠟燭的是香蒲，花序中間有一段露出花軸的則是長苞香蒲。

學名	*Typha orientalis Presl*	生長環境	普遍分布在低海拔河床、休耕水田、溝渠和沼澤等溼地。
科別	香蒲科	觀察季節	3～10 月
別名	水蠟燭、寬葉香蒲		

茭白筍

　　茭白筍的植物正式名稱叫做「菰」，菰的莖被黑穗菌寄生而膨大的部分，就是茭白筍。菰是多年生挺水植物，莖高可長達2公尺，葉長帶狀，長約50～100公分，寬約3～4公分。圓錐花序頂生，長約60公分，上半部為雌花，下半部為雄花，每個小穗有一朵花，穎很小，外稃有長長的芒。種子是「菰米」，但在台灣的菰很難結果實、長種子，所以幾乎沒有機會看到它。此外，原生種的抗病力比較強，但筍肉比較瘦小。

學名	Zizania latifolia (Griseb.)Turcz. ex Stapf	體長	目前台灣在北部、東北部及蘭陽平原的中低海拔沼澤邊可看見原生種的菰，但也有許多改良的栽培品系。
科別	禾本科	觀察季節	3～10月
別名	菰、美人腿		

上游區

　　上游是河流的發源區，大致來說還沒有被汙染，通常水質清澈見底，水流湍急，但由於還沒有很多支流匯集，流量相對來說不算太大。

　　這裡因為海拔高，水溫較低，生物必須能夠耐得住寒冷，但也因此生物的種類較少，其中有不少都是洄游性魚類。

櫻花鉤吻鮭

　　櫻花鉤吻鮭俗稱「台灣鱒」，現在已經是家喻戶曉的國寶魚。牠是冰河時期遺留下來的活化石，原本是洄游性的，現在已經演化成「陸封型」。數年前原本只分布在大甲溪上游支流七家灣溪大約 5～7 公里的小範圍內，是瀕臨絕種的保育類動物。近年來，政府、學者專家以及雪壩國家公園的努力，已擴展到鄰近的水域，族群數量也稍有增加。

學名	Oncorhynchus masou formosanum Jordan et Oshima	體長	約 15～20 公分，最長可達 30 公分。
科別	鮭科	棲息環境	原本只分布在大甲溪上游支流七家灣溪大約 5～7 公里的小範圍內，近年來已擴展到鄰近水域。
別名	台灣鱒、大甲鱒、梨山鱒、環山鱒、次高山鱒、本邦	觀察季節	1～12 月（繁殖期：10 月底到 11 月初）

❶ 北部的個體花紋明顯。　❷ 中部的個體沒有花紋。

　　台灣台鰍屬於平鰭鰍科的魚類，是台灣特有種，棲息在湍急的溪流裡。鰭條末端有像橡皮般凹下的「趾墊」，可以牢牢吸住石頭，不會被水沖走，所以俗名叫做「石貼」，意思就是能夠緊緊貼在石頭上的魚。

　　據說牠們會集體在泉水或地下水流出來的洞穴裡產卵，很有趣吧！

學名	*Formosania lacustre* Steindachner	體長	
科別	平鰭鰍科	棲息環境	湍急的溪流裡
別名	石貼仔、台灣石爬子	觀察季節	1～12月

台灣鏟頜魚

　　台灣鏟頜魚俗稱鯝魚、苦花、齊口或齊頭偎，喜歡居住在溪流中、上游水溫比較冷的地方。背部黃綠色，腹部銀白，有兩對非常小而不容易發現的鬚，沒有特殊的斑紋。喜歡吃水生昆蟲和藻類，可以長到 30 ～ 50 公分以上，體重最重可達 750 公克。

　　台灣鏟頜魚會隨著水溫的變化而洄游遷徙，但牠們的洄游和生殖沒有關係。夏季水溫較高，會到上游區避暑;當冬季到來，溪中的水溫降低，再回到中游一帶活動、覓食。

學名	Varicorhinus barbatulus (Pellegrin)	體長	可以長到 30 ～ 50 公分以上
科別	鯉科	棲息環境	溪流中、上游水溫比較冷的地方
別名	鯝魚、苦花、齊口、齊頭偎	觀察季節	1 ～ 12 月

泰雅晏蜓

① 泰雅晏蜓 (未熟)。
② 初羽化的泰雅晏蜓。

泰雅晏蜓是台灣特有亞種，也是台灣分布最高的晏蜓。

雄蟲的複眼為藍綠色，合胸為黑褐色，從側面看有條很粗的黃綠色斑紋。翅膀透明，翅痣為黑褐色。腹部黑色或黑褐色，腹部的背面和側面的每一節都有綠色的斑紋，第1、2腹節背面有橫向的藍斑。肛附器黑色。雌蟲大致和雄蟲類似，而複眼上半部為淡褐色，下半部為黃綠色，只有第1腹節具有橫向的藍斑，第2腹節沒有。

學名	Aeshna taiyal	棲息環境	分布於海拔 1000 公尺以上的中高海拔地區。喜歡在高山的湖泊、野塘等靜水域，偏好小面積水域。
科別	晏蜓科		
體長	雄蟲腹長約 48 ～ 50 公釐，後翅長約 47 ～ 50 公釐，雌蟲腹長約 45 ～ 49 公釐，後翅長約 46 ～ 50 公釐。	觀察季節	3 ～ 10 月

黃基蜻蜓

　　黃基蜻蜓是台灣特有亞種，但不常見。

　　雄蟲的複眼上半部為紅色，下半部為暗紅褐色。合胸紅色或暗紅色，從側面看有兩條的黑色斑紋連結成傾斜的「U」字形，合胸的中脊沒有黑色線紋。翅膀透明，翅基有橙色或淡紅褐色斑，翅痣為褐色或黑褐色。腹部的背面紅色，腹面為黑色。肛腹器紅褐色或淡紅色。還沒成熟的雄蟲，合胸和腹部黃褐色。雌蟲合胸和腹部為黃褐色或黃色。

　　雄蟲喜歡停在突出的枝頭或石頭上。在繁殖季節雄蟲和雌蟲會連結以連續點水的方式產卵。

學名	Sympetrum speciosum taiwanum	體長	腹長約 25～26 公釐，後翅長約 28～30 公釐。
科別	蜻蜓科 Libellulidae	棲息環境	分布於海拔 700 公尺以上的山區湖泊或野塘
		觀察季節	6～10 月

青紋絲螅

青紋絲螅♂

　　青紋絲螅的雄蟲複眼藍色，下方為藍綠色，合胸黑色，有不明顯的淡紫色金屬光澤，從側面看，有兩條粗細相差懸殊的藍色線條。翅膀透明，稍稍帶有淡褐色，翅痣黑色。腹部以藍色為主，前 6 節末端有小面積黑色，第 7～9 節為黑色，第 10 節及肛附器為藍色。雌蟲體色和雄蟲相似而稍稍偏綠色。

　　比較特別的是，牠們和一般蜻蜓不同，停棲時並不會將翅膀張開，而是會豎起來。

學名	Indolestes cyaneus	棲息環境	分布於 500～2500 公尺山區，稚蟲棲息於山澗下面的水塘或灘地，成蟲喜歡居住在溪流的緩流區及高山湖泊一帶。
科別	絲螅科		
體長	腹長約 35～37 公釐，後翅長約 23～26 公釐。	觀察季節	6～10 月

鉛色水鶇

　　雄鳥全身大致為暗鉛灰色，腹部以下羽色略淡。雌鳥背面暗灰色，略為褐色，腹部暗灰色，有白色斑點。幼鳥及雄鳥頭部有斑，雌鳥則全身密布白斑。嘴黑色，腳淡褐色。

　　有在岩壁築巢的紀錄，領域性強，會驅趕比牠大型的鳥類。站立時會將尾羽打開如扇狀並上下搧動，也會張開尾羽拖在體後跑動，看見昆蟲飛過時，會立即飛起捕捉並返回原地。主食昆蟲，也會吃蜘蛛、馬陸，以及一些植物。

學名	*Rhyacornis fuliginosus*	體長	身長 12～14 公分，翼長 7～8 公分。
科別	鶇科	棲息環境	在台灣海拔 2500 公尺以下各溪流中的岩石區或溪岸旁山壁上。
別名	紅屁股水鶇、川鶇、溪鶇燕、石青兒	觀察季節	1～12 月

盤古蟾蜍

　　盤古蟾蜍大型肥胖，除去外來種牛蛙不算之
外，是台灣原生蛙類之中體型最大的。會守候在
步道、空地或路燈底下比較明亮、昆蟲比較多的
地方覓食；繁殖期時才會遷移到溪流邊或池塘。
雄蛙沒有鳴囊不會發出叫聲，只有在被誤抱時，
才會發出低沈的「go、go、go」釋放叫聲。

　　每次產卵 5000 顆左右，卵粒黑色，通常兩
條排列在長形膠質的卵串當中，卵串可長達 10
公尺以上。蝌蚪黑色，通常會在溪流邊或池塘中
聚集成一大片。由於牠們有毒，可以讓誤食牠們
的動物加深印象並心生警惕。

學名	*Bufo bankorensis Barbou*	體長	雄蛙最大可長到 6～10 公分左右，雌蛙可長到 6～11 公分左右。
科別	蟾蜍科	棲息環境	廣泛分布於全台各地，從海邊到海拔 3000 公尺都有蹤跡。常出現在比較開闊的地方。
別名	台灣蟾蜍	觀察季節	1～12 月（繁殖期：9 月到隔年 2 月）

蟾蜍什麼時候會噴毒液？

蟾蜍的耳後腺會分泌一種白色的毒液，這是在牠們遭受攻擊時用來自保的最後「武器」。牠們會先鼓起胸部、撐起四肢，裝出雄壯威武的模樣，也會發出「go、go」的聲音，如果這種恐嚇動作還是沒辦法嚇走敵人時，會馬上爬走或裝死，最後才從耳後腺噴出毒液。所以蟾蜍平常不會分泌毒液，觀察時觸碰到牠們的身體並不會中毒。

蟾蜍在遇到危險時，會從耳後腺分泌毒液。

推薦觀察地點

區域	探索地點	流域名稱	觀察或探索重點	交通概要	備註
北區	關渡	淡水河	洄游性魚類、河口魚類、水筆仔、彈塗魚、大彈塗、候鳥、鷸、鴴科鳥類、招潮蟹……等。	搭乘捷運、公車、計程車或自行開車可達。	
北區	淡水	淡水河	洄游性魚類、河口魚類、彈塗魚、大彈塗、候鳥、鷸、鴴科鳥類、招潮蟹……等。	搭乘捷運、公車、計程車或自行開車可達。	
北區	竹圍	淡水河	洄游性魚類、河口魚類、水筆仔、彈塗魚、大彈塗、候鳥、鷸、鴴科鳥類、招潮蟹……等。	搭乘捷運、公車、計程車或自行開車可達。	
北區	五股溼地	淡水河	洄游性魚類、河口魚類、水筆仔、彈塗魚、大彈塗、候鳥、鷸、鴴科鳥類、招潮蟹、四斑細蟌……等。	搭乘公車、計程車或自行開車可達。	
北區	木柵（景美溪）	淡水河	唇䱻、圓吻鯝、長鰭馬口鱲、台灣石䱓、短吻小鰾鮈、中華花鰍、台灣鏟頜魚、台灣馬口魚、蜻蜓、豆娘、水生昆蟲……等。	搭乘公車、計程車或自行開車可達。	天氣晴朗時，可用窺箱觀察。
北區	烏來（桶后溪）	淡水河	唇䱻、長鰭馬口鱲、台灣石䱓、短吻小鰾鮈、中華花鰍、台灣鏟頜魚、台灣馬口魚、蜻蜓、豆娘、水生昆蟲……等。	搭乘公車、計程車或自行開車可達。	天氣晴朗時，可浮潛攝、錄影或以窺箱觀察。
北區	坪林（北勢溪）	淡水河	唇䱻、長鰭馬口鱲、台灣石䱓、短吻小鰾鮈、中華花鰍、台灣鏟頜魚、台灣馬口魚、蜻蜓、豆娘、水生昆蟲……等。	搭乘公車、計程車或自行開車可達。	天氣晴朗時，可浮潛攝、錄影或以窺箱觀察。
北區	四廣潭（基隆河）	淡水河	唇䱻、長鰭馬口鱲、台灣石䱓、短吻小鰾鮈、中華花鰍、台灣鏟頜魚、台灣馬口魚、蜻蜓、豆娘、水生昆蟲……等。	搭乘公車、計程車或自行開車可達。	天氣晴朗時，可用窺箱觀察。

139

區域	探索地點	流域名稱	觀察或探索重點	交通概要	備註
北區	三貂嶺（基隆河）	淡水河	唇鱎、長鰭馬口鱲、台灣石𩼧、短吻小鰁鮈、中華花鰍、台灣鏟頜魚、台灣馬口魚、蜻蜓、豆娘、水生昆蟲……等。	搭乘公車、計程車或自行開車可達。	天氣晴朗時，可用窺箱觀察。
北區	豬槽潭（老梅溪）	老梅溪	白鮻、日本禿頭鯊、長鰭馬口鱲、台灣石𩼧、台灣鏟頜魚、台灣馬口魚、蜻蜓、豆娘、水生昆蟲、宮崎氏澤蟹……等。	搭乘公車、計程車或自行開車可達。	天氣晴朗時，可用窺箱觀察。
北區宜蘭縣	大溪（大溪川）	大溪川	白鮻、海龍、日本禿頭鯊、台灣吻鰕虎、大吻鰕虎、褐塘鱧、台灣石𩼧、台灣鏟頜魚、台灣馬口魚、蜻蜓、豆娘、水生昆蟲……等。	搭乘公車、計程車或自行開車可達。	天氣晴朗時，可浮潛攝、錄影或以窺箱觀察。
北區宜蘭縣	梗枋溪（梗枋溪）	梗枋溪	白鮻、海龍、日本禿頭鯊、台灣吻鰕虎、大吻鰕虎、褐塘鱧、溪鱧、大口湯鯉、曙首厚唇鯊、蜻蜓、豆娘、水生昆蟲……等。	搭乘公車、計程車或自行開車可達。	天氣晴朗時，可浮潛攝、錄影或以窺箱觀察。
北區宜蘭縣	大礁溪	蘭陽溪	台灣台鰍、台灣石𩼧、台灣鏟頜魚、台灣馬口魚、蜻蜓、豆娘、水生昆蟲……等。	搭乘公車、計程車或自行開車可達。	天氣晴朗時，可浮潛攝、錄影或以窺箱觀察。
北區宜蘭縣	蘭陽溪河口	蘭陽溪	白鮻、褐塘鱧、鯔、雙邊魚、鰻、花身雞魚、大口湯鯉、湯鯉、候鳥、海鷗……等。	搭乘公車、計程車或自行開車可達。	
北區桃園縣	大溪（大漢溪）	淡水河	台灣台鰍、台灣石𩼧、台灣鏟頜魚、長鰭馬口鱲、中華花鰍、台灣馬口魚、短吻小鰁鮈、蜻蜓、豆娘、水生昆蟲……等。	搭乘公車、計程車或自行開車可達。	
北區新竹縣	錦山（鳳山溪）	鳳山溪	台灣台鰍、台灣石𩼧、台灣鏟頜魚、台灣馬口魚、蜻蜓、豆娘、水生昆蟲……等。	搭乘公車、計程車或自行開車可達。	天氣晴朗時，可浮潛攝、錄影或以窺箱觀察。

區域	探索地點	流域名稱	觀察或探索重點	交通概要	備註
北區新竹縣	南庄（蓬萊溪）	中港溪	台灣台鰍、台灣石䲅、台灣鏟頷魚、長鰭馬口鱲、台灣馬口魚、短吻小鰾鮈、蜻蜓、豆娘、水生昆蟲……等。	搭乘公車、計程車或自行開車可達。	天氣晴朗時，可浮潛攝、錄影或以窺箱觀察。
中區台中市	溫寮溪	溫寮溪	白鮻、日本禿頭鯊、鱛、花身雞魚、雙邊魚、金錢魚、招潮蟹、彩裳蜻蜓、善變蜻蜓、薄翅蜻蜓、黃頭鷺、大白鷺、小白鷺、蘆葦、水筆仔……等。	搭乘公車、計程車或自行開車可達。	
中區台中市	白冷（東卯溪）	大甲溪	台灣台鰍、台灣石䲅、台灣鏟頷魚、粗首馬口鱲、中華花鰍、台灣馬口魚、高身小鰾鮈、斯文豪氏赤蛙、褐樹蛙、粗糙沼蝦、拉氏清溪蟹、蜻蜓、豆娘、水生昆蟲……等。	搭乘公車、計程車或自行開車可達。	天氣晴朗時，可浮潛攝、錄影或以窺箱觀察。
中區台中市	谷關	大甲溪	台灣台鰍、台灣石䲅、台灣鏟頷魚、粗首馬口鱲、中華花鰍、台灣馬口魚、高身小鰾鮈、斯文豪氏赤蛙、褐樹蛙、日本樹蛙、拉都希氏赤蛙、粗糙沼蝦、拉氏清溪蟹、蜻蜓、豆娘、水生昆蟲……等。	搭乘公車、計程車或自行開車可達。	
中區台中市	武陵（七家灣溪）	大甲溪	櫻花鉤吻鮭、台灣台鰍、台灣鏟頷魚、斯文豪氏赤蛙、褐樹蛙、盤谷蟾蜍、黃基錦蛇、泰雅晏蜓、水生昆蟲、鉛色水鶇、鴛鴦……等。	搭乘公車、計程車或自行開車可達。	
中區南投縣	草屯（烏溪）	大肚溪	台灣鏟頷魚、台灣石䲅、粗首馬口鱲、中華花鰍、台灣馬口魚、高身小鰾鮈、粗鉤春蜓、杜松蜻蜓、紫紅蜻蜓、青紋細蟌、水生昆蟲、香蒲、菰……等。	搭乘公車、計程車或自行開車可達。	
中區彰化縣	福寶（濁水溪）	濁水溪	白鮻、日本禿頭鯊、花身雞魚、雙邊魚、金錢魚、招潮蟹、彩裳蜻蜓、善變蜻蜓、薄翅蜻蜓、黃頭鷺、大白鷺、小白鷺、水筆仔……等。	需自行開車	
中區嘉義縣	西螺（濁水溪）	濁水溪	陳氏鰍鮀、台灣石䲅、粗首馬口鱲、中華花鰍、高身小鰾鮈、善變蜻蜓、薄翅蜻蜓、香蒲……等。	需自行開車	

區域	探索地點	流域名稱	觀察或探索重點	交通概要	備註
中區嘉義縣	鰲鼓(濁水溪)	濁水溪	白鮫、日本禿頭鯊、花身雞魚、雙邊魚、金錢魚、招潮蟹、彩裳蜻蜓、善變蜻蜓、薄翅蜻蜓、黃頭鷺、大白鷺、小白鷺、倉鷺、赤足鷸、小水鴨、尖尾鴨、紅冠水雞、蘆葦、香蒲、水筆仔……等。	需自行開車	
南區台南縣	甲仙	曾文溪	中間鰍鮀、南台吻鰕虎、台灣石䱉、粗首馬口鱲、高身小鰾鮈、蜻蜓、豆娘、蔡氏澤蟹……等。	搭乘公車、計程車或自行開車可達。	
南區屏東縣	茖農溪口	高屏溪	高身鏟頜魚、何氏棘䰾、中間鰍鮀、台灣石䱉、粗首馬口鱲、鯽、鯉、高身小鰾鮈、蜻蜓、豆娘……等。	需自行開車	
南區屏東縣	枋山溪河口	枋山溪	白鮫、日本禿頭鯊、花身雞魚、雙邊魚、楊氏羽衣鯊、黑鰭枝芽鰕虎、褐塘鱧……等。	需自行開車	
南區屏東縣	武潭	東港溪	台灣鏟頜魚、台灣石䱉、粗首馬口鱲、中華花鰍、台灣馬口魚、高身小鰾鮈、粗鉤春蜓、杜松蜻蜓、紫紅蜻蜓、青紋細蟌、水生昆蟲、香蒲、菰……等。	需自行開車	天氣晴朗時，可浮潛或攝、錄影亦可以窺箱觀察。
東區花蓮縣	花蓮溪河口	花蓮溪	白鮫、鯔、日本禿頭鯊、花身雞魚、雙邊魚、鰕虎、褐塘鱧、鰻、鯽、小白鷺、海鷗……等。	需自行開車	
東區花蓮縣	白鮑溪	花蓮溪	台灣鏟頜魚、台灣石䱉、粗首馬口鱲、中華花鰍、台灣馬口魚、台東間爬岩鰍、斯文豪氏赤蛙、褐樹蛙、日本樹蛙、盤谷蟾蜍、蜻蜓、豆娘……等。	需自行開車	
東區花蓮縣	清昌溪	花蓮溪	台灣鏟頜魚、台灣石䱉、台灣馬口魚、台東間爬岩鰍、斯文豪氏赤蛙、褐樹蛙、日本樹蛙、盤谷蟾蜍、蜻蜓、豆娘……等。	需自行開車	

區域	探索地點	流域名稱	觀察或探索重點	交通概要	備註
東區花蓮縣	豐坪溪	秀姑巒溪	台灣鏟頜魚、台灣石𩸖、台灣馬口魚、細斑吻鰕虎、斑帶吻鰕虎、大吻鰕虎、日本禿頭鯊、斯文豪氏赤蛙、褐樹蛙、盤谷蟾蜍、蜻蜓、豆娘……等。	需自行開車	
東區花蓮縣	秀姑溪	秀姑巒溪	台灣鏟頜魚、台灣石𩸖、台灣馬口魚、日本禿頭鯊、寬örtz禿頭鯊、斯文豪氏赤蛙、褐樹蛙、盤谷蟾蜍、蜻蜓、豆娘……等。	需自行開車	
東區花蓮縣	長虹橋	秀姑巒溪	台灣鏟頜魚、台灣石𩸖、台灣馬口魚、日本禿頭鯊、寬額禿頭鯊、無棘海龍、高身鏟頜魚、斯文豪氏赤蛙、褐樹蛙、盤谷蟾蜍、蜻蜓、豆娘……等	搭乘公車、計程車或自行開車可達。	
東區台東	關山	秀姑巒溪	菊池氏細鯽、水生植物……等。	搭乘公車、計程車或自行開車可達。	
東區台東	都威溪	都威溪	白鮻、日本禿頭鯊、花身雞魚、雙邊魚、褐塘鱧、海龍、鰻……等。	搭乘公車、計程車或自行開車可達。	
東區台東	東河	馬武窟溪	白鮻、日本禿頭鯊、花身雞魚、雙邊魚、褐塘鱧、海龍、鰻……等。	搭乘公車、計程車或自行開車可達。	
東區台東	卑南溪河口	卑南溪	白鮻、日本禿頭鯊、花身雞魚、雙邊魚、褐塘鱧、海龍、鰻、鰕虎……等。	搭乘公車、計程車或自行開車可達。	
東區蘭嶼	椰油溪河口	椰油溪	日本禿頭鯊、雙邊魚、褐塘鱧、鰻、蘭嶼吻鰕虎、澤蛙……等。	搭乘公車、計程車或自行開車可達。	
東區蘭嶼	東清溪河口	東清溪	日本禿頭鯊、大口湯鯉、褐塘鱧、鰻、蘭嶼吻鰕虎、澤蛙……等。	搭乘公車、計程車或自行開車可達。	

國家圖書館出版品預行編目資料

溪流：120種溪流生物的奧祕／詹見平作.
——第一版.——
新北市：人人，2015.07
面 ； 公分. ——（自然時拾樂系列）
ISBN 978-986-461-007-5（平裝）
1.生物志 2.河川 3.臺灣
366.33   104012795

系列主編／樓國鳴

美術裝幀／洪素貞

發行人／周元白

排版製作／長城製版印刷股份有限公司

出版者／人人出版股份有限公司

地址／23145新北市新店區寶橋路235巷6弄6號7樓

電話／（02）2918-3366（代表號）

傳真／（02）2914-0000

網址／http://www.jjp.com.tw

郵政劃撥帳號／16402311 人人出版股份有限公司

製版印刷／長城製版印刷股份有限公司

電話／（02）2918-3366（代表號）

經銷商／聯合發行股份有限公司

電話／（02）2917-8022

第一版第一刷／2015年7月

定價／新台幣 200元